▶ 信息技术学科阅读系列

Python
程序设计探秘

胡正勇 卓培工 陈润祥 ◎ 编著

SPM 南方出版传媒

全国优秀出版社　全国百佳图书出版单位　广东教育出版社

·广州·

图书在版编目（CIP）数据

Python程序设计探秘 / 胡正勇，卓培工，陈润祥编著．—广州：广东教育出版社，2021.6
ISBN 978-7-5548-4062-7

Ⅰ.①P… Ⅱ.①胡… ②卓… ③陈… Ⅲ.①软件工具—程序设计 Ⅳ.①TP311.561

中国版本图书馆CIP数据核字（2021）第104934号

责任编辑：陈晓红　曹可凡　周启毅
责任校对：田艳明　冯思婧
责任技编：姚健燕
装帧设计：苏永基

Python Chengxu Sheji Tanmi
Python 程序设计探秘

广 东 教 育 出 版 社 出 版 发 行
（广州市环市东路472号12-15楼）
邮政编码：510075
网　址：http://www.gjs.cn
广东新华发行集团股份有限公司经销
佛山市浩文彩色印刷有限公司印刷
（佛山市南海区狮山科技工业园A区）
787毫米×1092毫米　16开本　12印张　240 000字
2021年6月第1版　2021年6月第1次印刷
ISBN 978-7-5548-4062-7
定价：49.00元

质量监督电话：020-87613102　邮箱：gjs-quality@nfcb.com.cn
购书咨询电话：020-87615809

前　言

2017年7月，国务院印发《新一代人工智能发展规划》，明确指出在中小学阶段开设人工智能相关课程，推广编程教育。在2017年版的《普通高中信息技术课程标准》中，大幅度增加了编程、计算思维、算法等知识内容。2018年，有省市率先将编程纳入高考，编程课程将全面进入中小学课堂。

美国麻省理工学院教授米切尔·雷斯尼克说："当你学会编程，你会开始思考世界上的一切过程。"编程可以帮助学生锻炼逻辑思维能力，使他掌握未来最重要的一种技能。如果学生从小就开始学习编程，那么他就可能从一个沉迷于游戏的娱乐者，变成喜欢开发游戏的研发者。

编者作为信息技术教师，从事信息学奥林匹克竞赛辅导多年，信息学奥林匹克竞赛是一项以算法和编程为考核内容的比赛。我们见证了很多学生，因为爱上编程，最终改变了人生。

Python语言具有简单、易学、兼容性强等特点，是人工智能时代最合适的编程语言，已成为青少年学习编程的首选。

本书是编者在本校开设Python课程的基础上，整理讲义、案例所得。由于编者的研究深度有限，书中有错误和不妥之处在所难免，恳请学界同仁和广大读者批评指正。

编者
2021年6月

目录

第1章 数据结构与算法概述

1.1 数据和数据类型 \ 1
1.2 数据结构的基本概念 \ 3
1.3 数据的逻辑结构 \ 4
1.4 数据的存储结构 \ 6
1.5 算法的概念 \ 8
1.6 算法的评价 \ 12
    1.6.1 算法的时间效率 \ 12
    1.6.2 算法的空间效率 \ 17
1.7 本章小结 \ 17

第2章 链表

2.1 单链表 \ 19
    2.1.1 建立单链表 \ 20
    2.1.2 遍历链表 \ 23
    2.1.3 求链表的长度 \ 23
    2.1.4 按值查找 \ 24
    2.1.5 修改某位置的值 \ 24
    2.1.6 插入新节点 \ 25
    2.1.7 删除节点 \ 26
2.2 循环单链表 \ 27
2.3 双链表 \ 28
    2.3.1 建立双链表 \ 29
    2.3.2 插入新节点 \ 30
    2.3.3 删除节点 \ 31
2.4 链表的具体应用 \ 33
2.5 本章小结 \ 40

第3章 栈和队列

3.1 栈 \ 41

  3.1.1 栈的概念 \ 41
  3.1.2 栈的顺序存储结构 \ 43
  3.1.3 栈的链式存储结构 \ 45
3.2 栈的具体应用 \ 47
3.3 队列 \ 51
  3.3.1 队列的概念 \ 51
  3.3.2 队列的顺序存储结构 \ 52
  3.3.3 队列的链式存储结构 \ 56
  3.3.4 双端队列 \ 57
3.4 队列的具体应用 \ 58
3.5 本章小结 \ 61

第4章 树和图

4.1 图 \ 62
  4.1.1 图的基本概念 \ 62
  4.1.2 图的存储结构 \ 64
4.2 树 \ 68
4.3 二叉树 \ 70
  4.3.1 二叉树的基本概念与性质 \ 70
  4.3.2 二叉树的存储结构 \ 73
4.4 树的遍历 \ 77
4.5 本章小结 \ 82

第5章 排序

5.1 排序的稳定性 \ 83
5.2 选择排序 \ 84
5.3 冒泡排序 \ 86
5.4 插入排序 \ 88
5.5 桶排序 \ 90
5.6 排序算法的具体应用 \ 91
5.7 本章小结 \ 96

第6章 贪心算法

6.1 贪心算法经典例题 \ 97
6.2 本章小结 \ 113

第7章 递推

7.1 递推算法思想 \ 114
7.2 一般递推问题 \ 115
7.3 组合计数类问题 \ 120
7.4 博弈问题 \ 125
7.5 动态规划的递推问题 \ 129
7.6 本章小结 \ 133

第8章 递归

8.1 递归算法思想 \ 134
8.2 递归算法经典例题 \ 136
8.3 递归算法与分治算法 \ 146
    8.3.1 归并排序 \ 146
    8.3.2 快速排序 \ 148
8.4 本章小结 \ 151

第9章 深度优先搜索

9.1 深度优先搜索 \ 152
9.2 深度优先搜索的具体应用 \ 154
9.3 本章小结 \ 168

第10章 广度优先搜索

10.1 广度优先搜索 \ 169
10.2 广度优先搜索的具体应用 \ 171
10.3 本章小结 \ 184

第1章 数据结构与算法概述

近年来，随着人工智能、大数据、物联网等技术的发展，我们的日常生活逐渐进入了全新的数字化环境。数字化图书馆、网络购物、智能导航等技术的广泛应用，改变了我们以往的学习和生活方式。人们借助信息技术工具，在提高自己工作和学习效率的同时，也在互联网上产生了不同类型的数据。如何科学有效地处理数据，是每一个计算机学习者要考虑的问题。本章我们将分两部分来讲解，第一部分详细讲解数据在计算机内是如何组织存储的——数据结构；第二部分重点分析算法效率的计算方法。

1.1 数据和数据类型

程序=数据结构+算法。可见，仅仅学习某种计算机语言的语法，还是不能理解程序设计思想的精髓。如今，在日常生活中，我们时常要与数据打交道。例如，注册某网站平台，需要个人的账号密码；学校的学生卡，记载了学生姓名、学号等信息；购物付款所扫描的二维码，里面也隐藏了数据。可见数据就在我们身边，它正在静悄悄地改变我们的生活和学习方式。

数据，就是用于描述客观事物的符号记录。例如，某个学生的身高是170 cm；通过姓名和学号等数据来描述学生的基本信息；通过体检报告单来反映一个人的身体健康程度。在日常生活中，我们使用的各种文字、数值和特定的符号统称为数据，注意数据不仅仅是数字或数值。而对于计算机科学来说，数据指的是能够输入计算机并被计算机加工处理的符号。

程序设计语言中的数据是从无类型发展到有类型的，而且类型结构丰富性已成为某种语言的评价标准之一。《Python程序设计入门》提到的"列表""元组""字典"和"集合"是Python语言简单的数据类型。计算机语言的发展随着计算机处理对象变得复杂而越来越接近我们的自然语言。其发展阶段分为：

（1）机器语言，由"0"和"1"所表示的二进制代码指令组表示。

（2）汇编语言，引入了整数的数据类型，能够进行一些简单的整数计算。整数的计算最终还是通过汇编系统的处理转化为二进制，不过这个过程，被后台隐蔽处理了。

（3）过程性语言，把一些相同性质的类型划分为若干个集合，于是出现了整型、浮点型、字符型、布尔型等基本数据类型，而且还引入了数组类型、记录类型等结构类型。

（4）面向对象语言，包含了类和对象。

从上文我们可以知道，计算机语言经历了一个发展的过程。数据类型的不断丰富，促进了计算机处理对象的发展。例如，早期的计算机只能处理简单的数值运算，而现在的计算机还可以处理字符、图形、图像、音频和视频等复杂信息。

数据类型指的是一组性质相同的值的集合以及定义在这些值上的一组操作的总称。Python语言包含数字类型、字符串类型、列表类型、元组类型、集合类型和字典类型等数据类型。每种数据类型包含了在它集合上的一些操作。例如，元组数据类型，我们不能修改它里面元素的值，但可以对其进行访问、连接等操作；而对于数字类型，我们可以像数学计算一样对其进行加减乘除运算。

计算机语言引入数据类型，目的就是为了解释该类型在计算机内存中所对应信息的含义。像Python等高级语言所提供的数据类型，其操作需要通过编译器或解释器，最终转化为汇编语言或机器语言的数据类型来实现。对于我们来说，这一过程在后台自动执行，实现了信息的隐蔽，我们没有必要去了解细节，只需要知道所使用的数据类型是如何运用就可以了。例如，大家根本不需要知道字符串在计算机内部是如何用二进制代码表示的，但必须知道字符串在Python语言中用单引号或双引号来创建等操作。

像Python这种高级语言，其数据类型包括三大部分：原子类型、结构类型和抽象数据类型。原子类型就像化学学科的原子一样，具有不可再分割的意思，例如Python语言中的整数类型、字符类型等属于原子类型。结构类型包含了列表、元组、字典和集合等。最后是抽象数据类型（Abstract Data Type，简称ADT），里面包含了数据对象、数据关系和相关操作。类和对象就是属于抽象数据类型范畴之一。如图1-1所示：

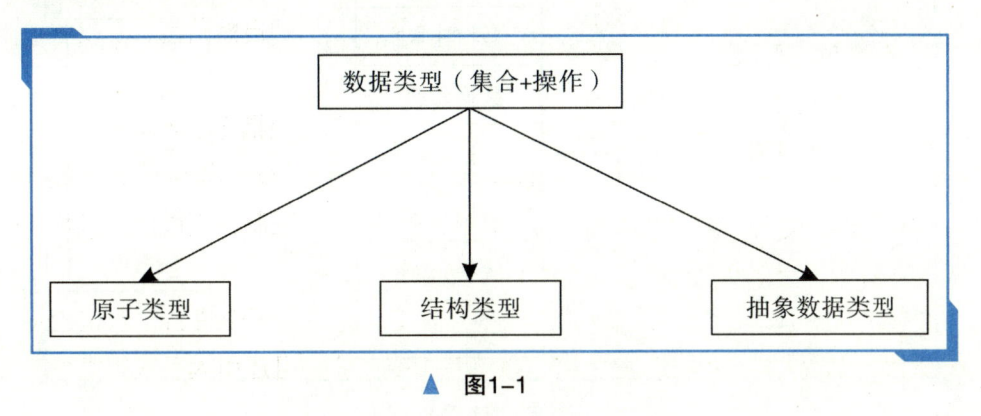

▲ 图1-1

1.2 数据结构的基本概念

在讲解数据结构的逻辑结构和存储结构之前，我们先来了解数据结构相关的几个基本概念和术语。

数据：数据是用于描述客观事物的符号。在计算机中，它是可以加工、存储的内容。

数据对象：具有相同性质的数据元素的集合。例如，未满18周岁的人称之为未成年人，负数就是那些小于数字0的数字。

数据元素：也称为"记录"或"节点"，在计算机程序中通常将其作为一个整体进行考虑和处理，是数据的基本单位。例如：一个人的身份证信息，它包含了姓名、性别、出生年月日、身份证号码、户口所在地等信息。这一条信息，我们把它当作一个整体，看作是一个数据元素。

数据项：也称为"字段""域"或"属性"，是数据元素的一部分。例如上面我们提到的一个人的身份证，它就包含了至少五个数据项，分别是姓名、性别、出生年月日、身份证号码和户口所在地。

数据结构：通常数据元素之间并不是孤立存在的，它们之间可能存在某种关系，我们把这种关系称为数据结构。数据结构包括了数据的逻辑结构和数据的存储结构。

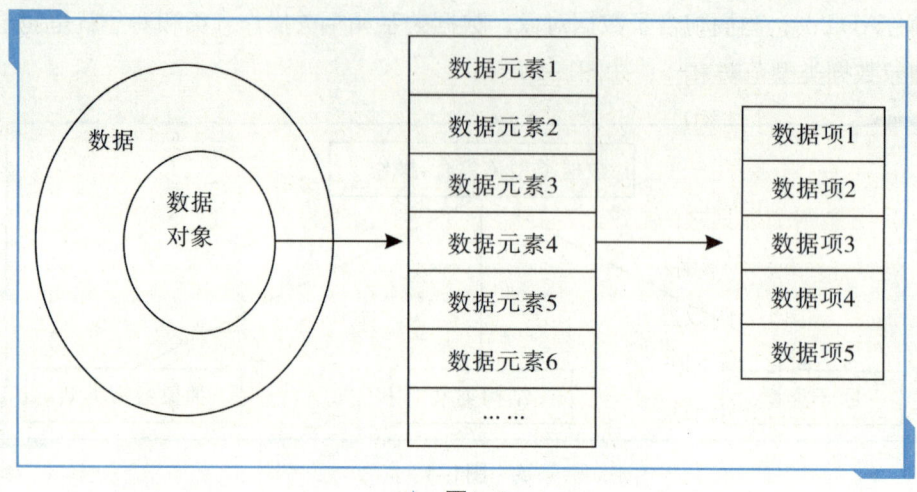

▲ 图1-2

1.3 数据的逻辑结构

从具体问题出发,分析各个数据元素之间的内在联系,我们把这种内在的相互之间的联系称为数据的逻辑结构。数据的逻辑结构与数据的存储无关,是独立于计算机的。这种关系是我们从求解问题中提炼出来的,是进行程序设计加工处理的基础。

数据的逻辑结构按照它们之间的关系,可以分为:(a)集合、(b)线性结构、(c)树形结构、(d)图结构。如图1-3所示:

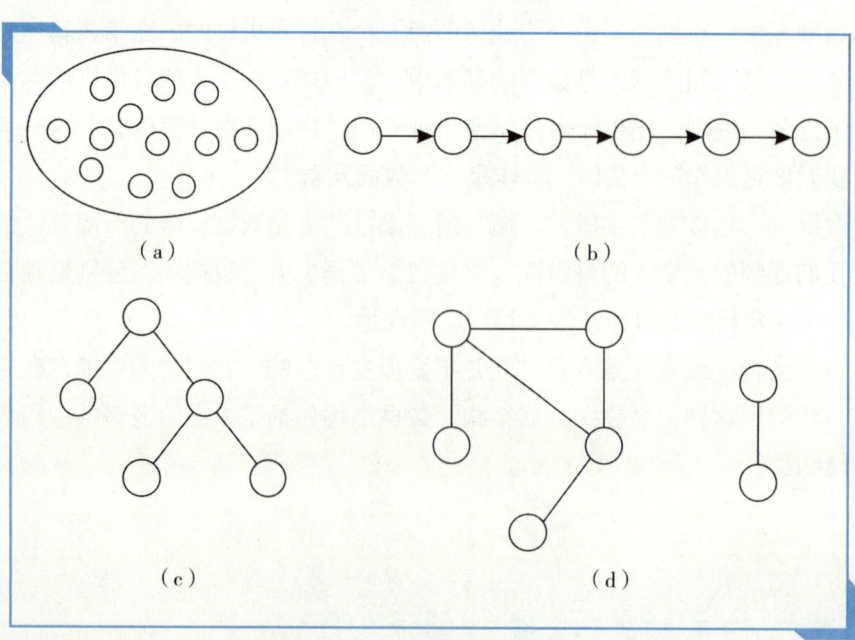

▲ 图1-3

（1）集合结构反映了数据元素除了属于同一个集合之外，它们之间没有任何联系，集合结构里面的元素关系是孤立的。

（2）线性结构反映了数据元素之间存在着先后顺序，该结构第一个元素为开始节点，最后一个元素为终端节点，除这两个节点之外，其他数据元素都有且仅有一个在其之前和在其之后，数据元素之间存在一对一的逻辑关系。

（3）树形结构跟现实生活中树的形状完全颠倒，其根在最上面，往下面"生长"，该结构数据元素之间存在一对多的逻辑关系。

（4）图结构反映了数据元素之间存在多对多的逻辑关系。该结构没有开始节点，没有终端节点，每个数据元素可能有一个或者多个在其之前或在其之后的元素。

我们把集合结构、树形结构和图结构统称为非线性结构。

如果我们用数学的方法来表达这四种结构，可以用二元组来表示：

$$B=(K, R)$$

其中K是由节点（数据元素）构成的集合，R是关于K中节点之间关系的集合。

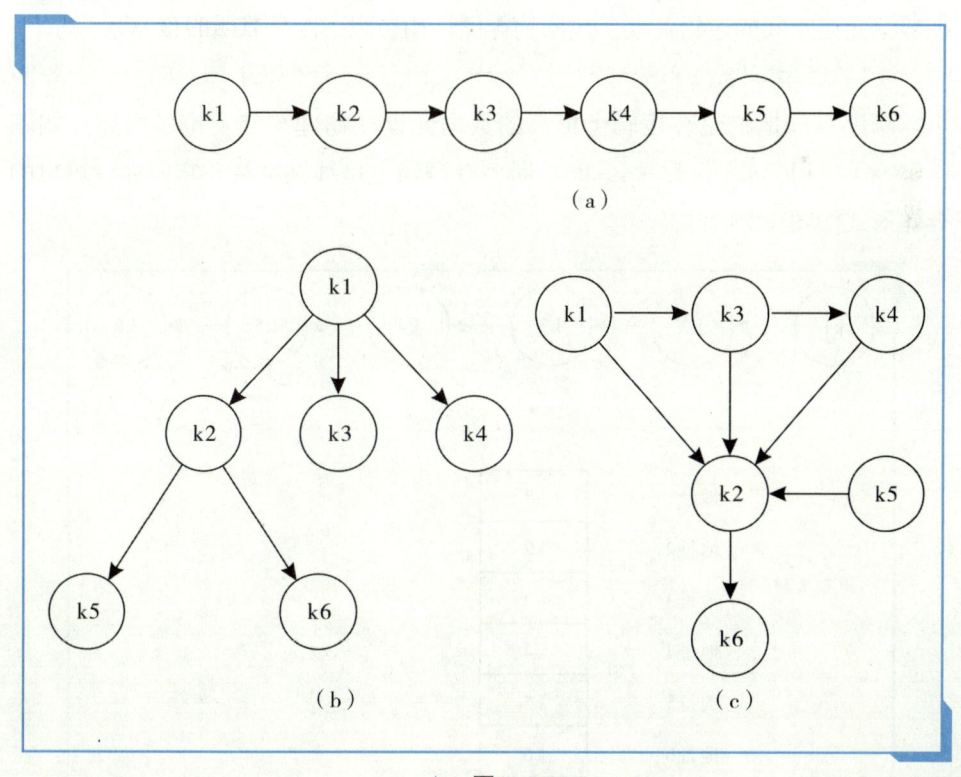

▲ 图1-4

例题：设K={k1, k2, k3, k4, k5, k6}

R1=ϕ

R2={<k1, k2>, <k2, k3>, <k3, k4>, <k4, k5>, <k5, k6>}

R3={<k1, k2>, <k1, k3>, <k1, k4>, <k2, k5>, <k2, k6>}

R4={<k1, k2>, <k1, k3>, <k3, k2>, <k3, k4>, <k4, k5>, <k5, k2>, <k2, k6>}

集合对应的是B=(K, R1)，线性结构对应的是B=(K, R2)，如图1-4（a），树形结构对应的是B=(K, R3)，如图1-4（b），图结构对应的是B=(K, R4)，如图1-4（c）。

1.4 数据的存储结构

数据的存储结构也称为"物理结构"，是数据的逻辑结构在计算机真正的存储表现方式。所以在存储数据的过程中，不仅要存储数据元素本身，还要体现数据元素之间的逻辑关系。数据的存储结构有以下四种基本映像方法：

（1）顺序存储。

顺序存储指的是在逻辑上相邻的数据元素在物理存储上也是相邻。如图1-5（a），k1, k2, k3, k4, k5, k6，在逻辑上是线性结构，它们在计算机的存储形式如图1-5（b）。

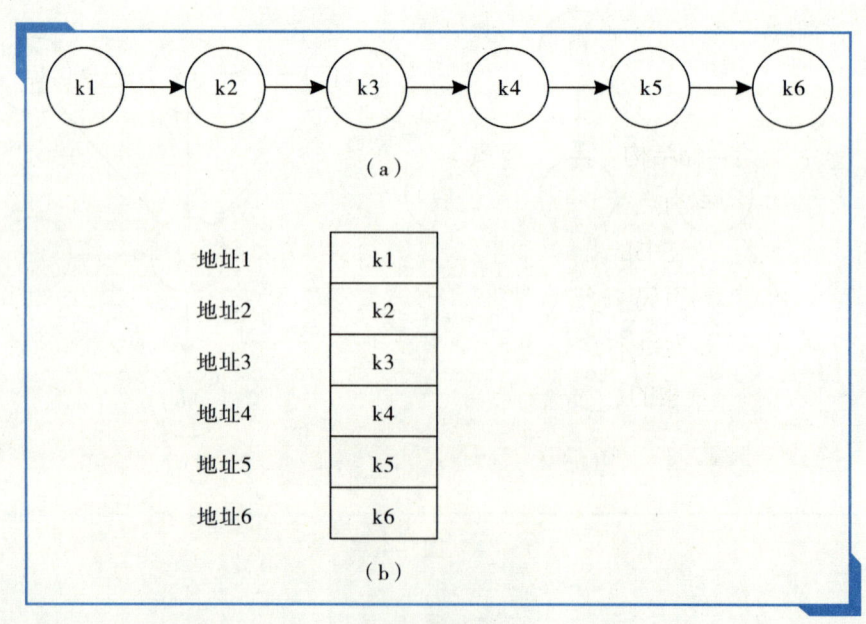

▲ 图1-5

（2）链式存储。

从其字名来看，链式存储含有链条的意思。与顺序存储结构不同的是，链式存储结构在实现逻辑线性关系的时候，数据元素在计算机存储的位置并不是顺序的。而为了体现逻辑线性关系，在计算机存储内容的时候，不仅要存储数据元素本身，还要存储下一个节点的地址。所以对于每一个节点来说，包含了两部分：数据域，用来存储数据元素本身；指针域，用来存储下一个节点的地址。例如，图1-6（a）在链式存储表现形式，如图1-6（b）。

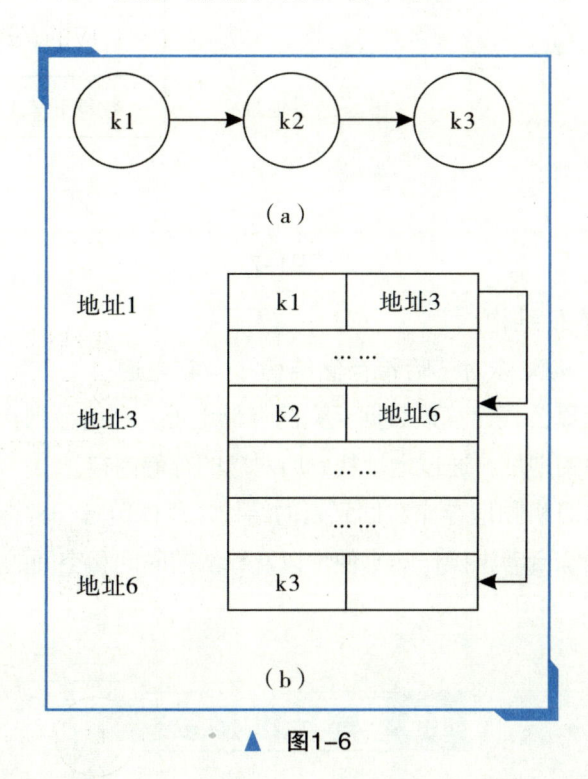

▲ 图1-6

（3）索引存储结构。

索引存储结构有点类似我们用新华字典查生僻字。新华字典不仅有每个汉字的具体释义，还在书的前面设置了一个索引表，方便我们通过偏旁部首找到具体汉字所对应的页码。所以，在索引存储结构中，计算机不仅需要存储所有数据元素，还需要为每个数据元素存储的地址做一个索引表。索引表里的第i个值就是第i个数据元素的地址。如图1-7。

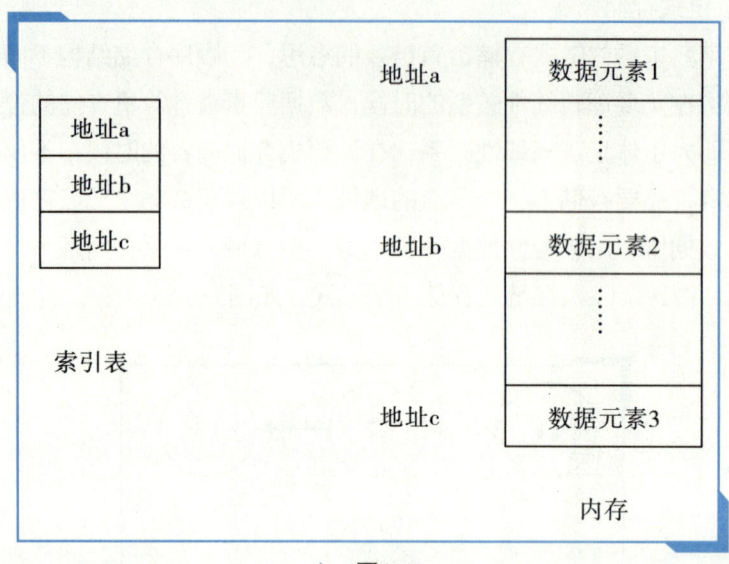

[图1-7]

（4）散列存储结构。

散列存储结构又称为"哈希存储结构"，它是通过提取数据元素的关键字，利用某种运算公式计算该数据元素的存储地址。利用散列存储结构可以快速地计算出存储的地址，通过地址找到所对应的存储内存。

上述就是计算机物理存储数据元素的结构，具体用哪一种存储方式，要视具体问题决定，综合考虑操作的方便性以及算法的时间和空间的要求。

1.5 算法的概念

很多编程初学者在学习程序设计的时候，经常遇到相同的问题有不同解决方法的情况。例如，求解1+2+3+…+n这道简单的题目。其中比较容易想到的方法就是用一个循环结构求出结果。

第一种解法：

```
def qiuhe(m):
    sum=0
    for i in range(1,m+1):
        sum=sum+i
```

```
    return sum
n=int(input("请输入一个数"))
print(qiuhe(n))
```

还有第二种方法，运用求和公式。

```
def qiuhe(m):
    sum=m*(m+1)//2
    return sum
n=int(input("请输入一个数"))
print(qiuhe(n))
```

当n的值很小的时候，这两种方法没有什么区别，都能很快求出答案。但当n的数值足够大时，用第一种方法算出答案就很费时了，而第二种解法，无论n的值是多少，都能很快求出答案。从这两种解法我们可以看出，算法是程序的灵魂，好的算法可以让问题求解得更快，所占用的资源（空间和时间）更少。有人说过"若把编写代码比作行军打仗，那么要想称霸沙场，不能仅靠手中的利刃，还须深谙兵法。Python是一把利刃，数据结构与算法则是兵法。只有熟读兵法，才能使利刃所向披靡。"由此可见，学习一门计算机语言，一定要了解算法。

那么何为算法呢？其实大家没有必要把算法看得那么神秘。算法就是解决问题的方法和步骤。举个有趣的例子吧。

在河的一岸，人、狼、羊和草均要过河，船须人划，而且最多载一物，当人不在时，狼会吃羊，羊会吃草，试安排人狼羊草安全渡河。

为了解决这个问题，我们得按顺序找到问题求解的每一个步骤，不难得出如下一种解法：

（1）人和羊先渡河，把羊放在河对岸，人单独返回。

（2）人和狼接着渡河，把狼放在河对岸，返回的时候人顺便把羊带回来。

（3）人和草继续渡河，把草留在河对岸，人单独返回。

（4）人最后一次把羊带到河对岸，问题解决。

以上四个步骤解决了刚才提出的问题，这四个步骤就是这个有趣例子的算法。而对于计算机来说，算法指的是计算机能理解和执行的指令，比如1+2+3+…+n这个例子，可以让它执行sum=sum+i这条语句n次，i的值从1到n逐一变化。注意，计算机的算法必须满足以下5个特征：

（1）有穷性：是指算法执行的步骤是有限的，不能出现无限循环，并且每个步骤都在可接受的时间内完成。

（2）确定性：算法的每个步骤都有明确的含义，不会出现二义性。如"将3或4乘以5"是不允许的，因为这样的计算结果不确定，到底是3乘以5还是4乘以5，计算机不会做出判断。

（3）可行性：算法的每一个步骤都必须能够在计算机上有效的运行。如3除以零，就没有办法在计算机上有效的运行。

（4）输入：算法具有零个或多个输入，提供程序初始的数据，以便程序加工处理。

（5）输出：算法就是为了求得问题的解，没有输出结果的算法根本不存在。

算法的表示方法有很多，常用的主要有自然语言、流程图和伪代码等。这里我们简单讲解自然语言表示和流程图表示方法，其他方法大家自行了解。

（1）自然语言。

所谓自然语言，就是用日常生活中我们常用的语言来描述算法。它的优点就是通俗易懂，缺点就是容易产生歧义性，有时候需要通过上下文才能理解正确的含义。上面的人、狼、羊、草过河问题的四个步骤就是用自然语言来描述的算法。下面我们继续用1+2+3+…+n这道题目，看看怎么用自然语言来描述这道题目。

①首先我们给i赋初值为1，sum赋初值为0。

②接着sum每次在原来的基础上累加i的值。

③i的值在原来的基础上增加1。

④判断i的值是否大于n，如果没有就继续执行第②步骤，否则执行第⑤步骤。

⑤输出答案。

（2）流程图。

流程图是采用图形方式来描述算法，不同形状的几何图形代表不同的操作类型，如图1-8。用流程图描述算法比较形象，且逻辑关系清晰，但流程图占用篇幅较长，有时候写一道题目的流程图很费事。下面我们继续用1+2+3+…+n这道题目，看看怎么用流程图来描述这道题目。

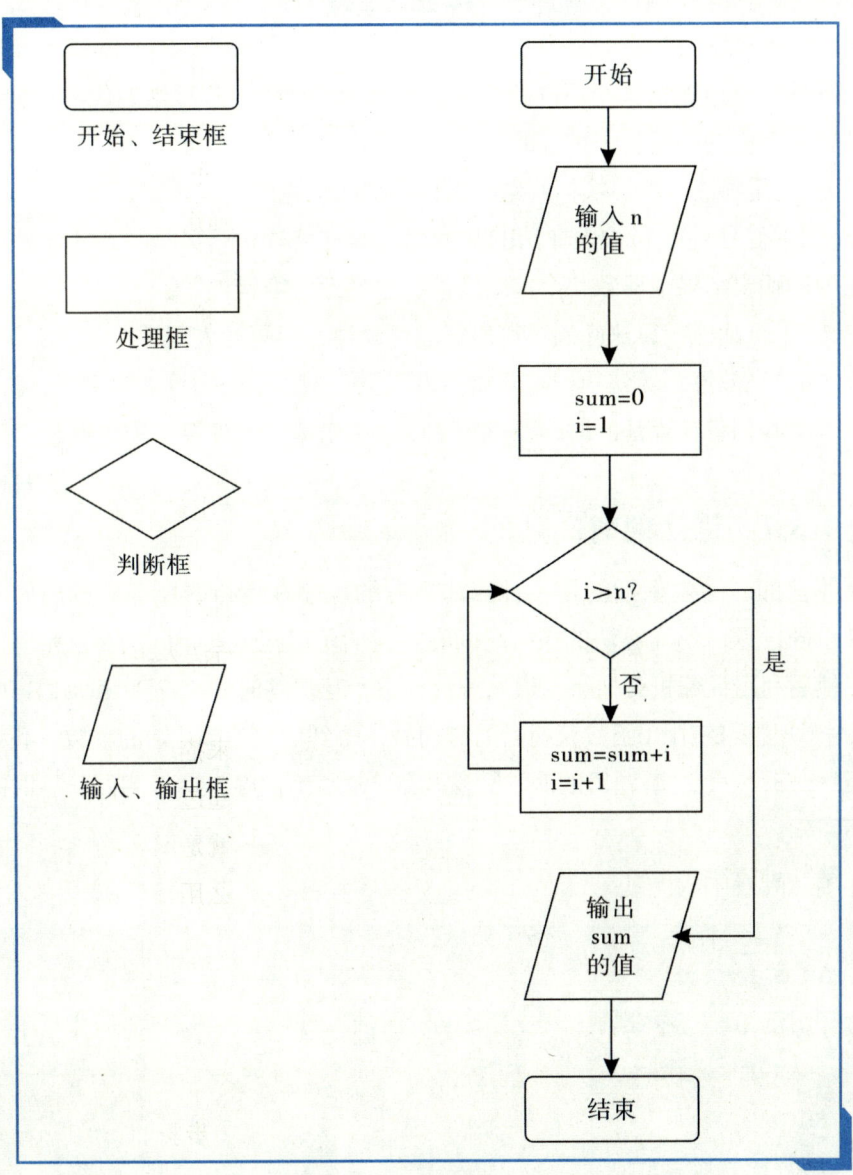

▲ 图1-8

1.6 算法的评价

既然同一道题目,有不同的算法,那么如何评价一种算法的优劣性呢?这是我们要考虑的问题。一种好的算法一般具备以下几个特征:

(1)正确性:能够根据问题的条件,得出问题的正确答案。

(2)健壮性:当输入非法的数据时,算法能够进行处理,而不会产生莫名其妙的输出结果或导致整个程序崩溃,也称为"容错性"。

(3)可读性:算法应当具有良好的可读性,容易让人理解。

(4)高效性:算法执行时间短,占用空间少,就说明算法效率高。

下文我们将从算法的时间效率和空间效率来评价一种算法的优劣性。

1.6.1 算法的时间效率

算法的时间效率指的是一种算法相应的程序在运行时所花费的时间。如何评价同一题目不同算法的执行时间呢?我们可以把这些不同的算法都写成程序,然后利用计算机去执行,最后统计一下所花费的时间。在Python语言中,time模块里面的time函数获取当前时间戳,得到自1970年开始的秒数。我们可以把1+2+3+…+n这道题目的两种算法写成Python程序,运行测试一下时间。如下所示。

第一种算法:

```
import time
def qiuhe(m):
    start=time.time()
    sum=0
    for i in range(1,m+1):
        sum=sum+i
    print("总和答案为: ",sum)
    end=time.time()
    return end-start
```

```
n=int(input("请输入一个数:"))
print("所花费的时间为:%.5f"%qiuhe(n))
```

运行结果：

```
请输入一个数:1000000
总和答案为：500000500000
所花费的时间为:0.10460
```

第二种算法：

```
import time
def qiuhe(m):
    start=time.time()
    sum=m*(m+1)//2
    end=time.time()
    print("总和答案为：",sum)
    return end-start
n=int(input("请输入一个数:"))
print("所花费的时间为：%.5f"%qiuhe(n))
```

运行结果：

```
请输入一个数：100000000
总和答案为：5000000050000000
所花费的时间为： 0.00001
```

第二种算法输入的数据是第一种算法的100倍，运算时间还是接近0，明显第二种算法比第一种算法优秀。

通过这种方法确实可以比较不同算法的时间效率，但是每次都需要把算法写成程序是一件很烦琐的事情，特别是把一种效率不高的算法写成程序，最后才知道它运行时间特别长，会浪费很多精力；再者，不同的程序在不同的环境下运行，其运行时间会受到各种因素影响，例如程序语言的选择和机器的性能等。所以分析估计算法的时间效率必须独立于计算机性能和程序语言等因素。

我们可采用事前估计算法的方法，即不用把算法写成程序，通过估计算法执行的"次数"来衡量一种算法的优劣性，因为算法执行的次数与它被执行的时间成正比。对于一个输入规模为n的问题，我们用T(n)来表示该算法执行的次数。随着输入问题规模n的增大，算法执行时间的增长率和T(n)的增长率相同。仔细观察，对于相同大小规模的输入，很多时候会有不同的时间效率，即有可能出现最好的运行时间或者最坏的运行时间。在本书，我们只关注最坏的运行时间，因为如果一种算法在最坏的情况下都能很好地执行，必然该算法在每一种输入都能有很高的效率。我们用上限大O来表示算法T(n)的最坏情况下执行次数。上限大O的定义如下：当且仅当存在两个整数c和n_0，对于所有的n≥n_0，使得T(n)≤c(g(n))，则有T(n)=O(g(n))，称g(n)是T(n)的上界，或称g(n)的增长率不低于T(n)。例如，T(n)=8n+5，通过对大O的定义，很容易找到c=9，n_0=5，当n≥n_0时，T(n)≤9n，所以T(n)的上限为O(n)。再如，T(n)=$5n^4$+$3n^3$+$2n^2$+4n+1≤(5+3+2+4+1)n^4=$15n^4$，所以当n≥1的时候，T(n)的上限大O为O(n^4)。可以发现如果T(n)是一个指数为d的多项式，即T(n)=a_0+a_1n+⋯+$a_d n^d$，且a_d>0，则T(n)的上限为O(n^d)。

上面我们用上限大O其实是一种渐近估算算法计算执行次数的方法，也就是在实际中，我们并不需要精准去计算一种算法执行基本语句的次数。用这种方法我们一般只计算基本语句，把每一条基本语句计算为1次数，比如赋值语句，或者两个数比较大小等。下面我们一起来看看在算法时间效率分析中常用的几种函数。

（1）O(1)

O(1)是常数函数，和问题规模n没有关系。它描述了计算机需要做的基本操作步数只是一些简单的赋值语句、比较两个数大小或者两个数相加。上面1+2+3+⋯+n的第二种算法的时间效率就是O(1)。

（2）O(n)

O(n)是线性函数，随着问题规模n线性增长。如下面的代码，基本语句print语句在循环体里面，它被执行的次数受到n的值影响，print语句执行的次数为n，注意我们是采用上限大O估算算法的执行次数，并不需要精准。所以在这里我们忽略第一条语句n的读入，因为随着n的值越大，该程序的执行次数或运行时间主要看循环体。该代码的时间效率为O(n)。

```
n=int(input())
for i in range(1,n+1):
    print(i)
```

（3）O(n²)

O(n²)是二次函数，该算法分析一般出现在两个循环嵌套中。如下面的代码：

```
n=int(input())
for i in range(1,n+1):
    for j in range(1,n+1):
        print(i*j)
```

（4）O(n³)

O(n³)是三次函数，该函数在算法分析中出现的频率较少，但偶尔也会出现，特别是在三个循环嵌套中。

```
n=int(input())
for i in range(1,n+1):
    for j in range(1,n+1):
        for k in range(1,n+1):
            print(i*j*k)
```

（5）O($\log_b n$)

O($\log_b n$)是对数函数，即求以b为底，n的对数。所谓对数，就是$b^x=n$，x就是$\log_b n$的对数。如$125=5^3$，所以$\log_5 125$的值为3。在计算机科学中，算法时间效率分析的对数函数常见的底数是2，即许多算法反复把问题规模分成两半去考虑，每一步计算之后，问题的规模就减少一半。由于在计算机科学中，我们经常以2作为底数求对数，以至于当底数为2时，我们通常会省略它的符号，即$\log_2 n=\log n$。下面的代码虽然没有什么实际意义，但是展现了循环体的时间效率是$O(\log_2 n)$。

```
n=int(input())
s=0
while n!=0:
    s=s+1
    n=n//2
print(s)
```

注意上面的代码求出来的是大于等于$\log_2 n$的最小整数，即向上取整，数学符号表示为$\lceil \log_2 n \rceil$（如果是求小于等于$\log_2 n$的最大整数，即向下取整，数学符号为$\lfloor \log_2 n \rfloor$）。在这里我们给大家介绍对数函数的几条运算规则，但不予证明，有兴趣的读者可以去了解高中数学的相关知识。

① $\log_b(ac)=\log_b a+\log_b c$

② $\log_b(a/c)=\log_b a-\log_b c$

③ $\log_b(a^c)=c\log_b a$

④ $\log_b a=\log_d a/\log_d b$

我们用的计算器上有一个LOG的按钮，它是计算底数以10的对数，所以当我们求$\log_2 n$，可以转换为$\log_{10} n/\log_{10} 2$。

（6）$O(n\log_2 n)$

$O(n\log_2 n)$函数常常是很多算法想达到的时间效率最优复杂度，它的增长速度比线性函数快，但比二次函数慢，在后面章节介绍的快速排序和分治算法中，常常会用到这个时间效率。$O(n\log_2 n)$的时间效率是$O(\log_2 n)$的n倍，所以这里不再详细展现代码。

（7）$O(b^n)$

$O(b^n)$函数是指数函数，b是一个常数，n是问题的输入规模。在计算机科学中，b的值一般为2，即$O(2^n)$。该时间效率非常低下，一般n的值不可以太大，否则计算机很难在规定的时间内完成任务。

普通计算机1秒能执行的代码大约是1亿到2亿条基本语句，很多编程竞赛题目都要求在1秒内出答案，所以下面表格中列出了当输入规模n为不同值时，不同的算法时间效率是否通过，仅供大家参考。

问题规模n	采用算法的时间效率						
	O(1)	O(log$_2$n)	O(n)	O(nlog$_2$n)	O(n^2)	O(n^3)	O(2^n)
n ≤ 50	√	√	√	√	√	√	√
n ≤ 500	√	√	√	√	√	√	×
n ≤ 10000	√	√	√	√	√	×	×
n ≤ 10^6	√	√	√	√	×	×	×
n ≤ 10^7	√	√	√	×	×	×	×
n > 10^8	√	√	×	×	×	×	×

1.6.2 算法的空间效率

算法所占用的空间包括程序本身所占用的存储单元、存放输入数据的变量单元和为方便操作额外增加的存储单元。与算法时间复杂度分析一样，算法的空间复杂度一般也认为是问题规模n的函数，记作S(n)=O(g(n))。不过算法的空间复杂度只考虑存放输入数据的变量单元和为方便操作额外增加的存储单元，不考虑程序本身所占用的内存单元。

在对不同算法进行选择时，我们总希望能找到T(n)和S(n)都很小的算法，但事实上，这很难兼顾到的。我们往往的做法就是以牺牲空间为代价，来优化时间效率。这是因为随着计算机硬件设备性能的提升，内存硬件价格越来越便宜，而人们在使用程序解决问题中不想等待太久的缘故。

本节对算法复杂度上进行了时间和空间的分析，希望大家能够在后面的章节中对不同的算法效率作出客观的评价，在解决实际问题的过程中，通过对算法做事先评估，大致得知某种算法的优劣，进而作出是否采用该算法的决定，这样能够避免把大量的精力投入低效率算法的实现中去。

1.7 本章小结

本章分为数据结构概述和算法分析两大部分。数据类型从无类型到带有类型，是计算机语言程序抽象层次的不断提升。数据结构的几个基本概念和相关术语非常理论化，学习起来非常枯燥，希望大家能结合图形静下心来理解它们之间的关系。数据的逻辑结构包括了集合、线性结构、树形结构和图结构。数据的存储结构包含了顺序存储、链式存储、索引存储和散列存储。在对算法分析过程中，我们以后更多关注的是时间效率，所以上文提到的7个函数，大家一定要慢慢熟悉它们。

第2章 链表

在第1章中我们了解到数据的线性结构可以通过顺序存储和链式存储两种方式来实现，其中顺序存储可以利用数组来完成，因为数组是用一组连续的存储单元来存储数据元素的，即数据元素的逻辑次序和物理次序是一致的，以此来反映线性表中元素间的逻辑关系。但在链式存储中，链表在存储数据元素时，并不要求逻辑次序和物理次序一致，它们彼此是通过"指针"来建立起联系，本章我们将一起来学习链表的几种类型：单链表、循环单链表、双链表和循环双链表。

2.1 单链表

链表由一系列相同结构的节点组成，它们在计算机内存中的位置是不连续且随机存放的，而为了理解它们逻辑上的线性结构，我们首先来了解"指针"的概念。我们都知道，计算机每一块内存都可以存放内容，同时每一个内存都有自己的地址，通过内存地址，我们可以找到所对应内存存放的内容，就像每一个家庭都有住址，通过家庭地址，我们可以找到相应的人。其实，内存地址就是指针，指针就是内存地址。我们通过内存地址找到所对应的内存，也就是通过指针找到所对应的内存。链表虽然不要求数据元素在计算机的内存中连续存储，但为了体现它们的线性关系，必须要求每一个节点的地址存放在上一个节点中，所以每一个节点存放的内容不再仅仅是数据元素，还有下一个节点的地址。对于单链表来说，每一个节点有两部分的内容：数据元素和指针。其中存放数据元素的部分称为数据域，存放下一个节点地址的部分称为指针域。其节点结构如下：

数据域	指针域

所以对于一个含有5个数据元素的线性表{4，3，1，2，5}，所对应的链表如下图：

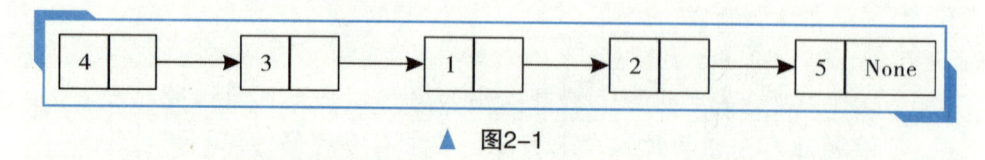

▲ 图2-1

图2-1每一个节点的指针域用箭头来表示存储了下一个节点的地址，链表的最后一个节点不存放任何内存的地址，在Python语言中，我们用None赋值给最后一个节点的指针域，就是表示该节点的指针域不指向任何内存。链表第一个节点的地址我们一般赋值给一个变量head，通过该变量，我们可以访问整个链表的所有内容。

由于节点不再仅仅是数据元素，还包含了指针域，所以必须得定义一种结构类型，例如上面的节点，我们可以定义如下：

```
class Node:
    def __init__(self):
        self.data=0
        self.next=None
```

2.1.1　建立单链表

建立单链表有两种方式：第一种方式是每次新建立的节点，都是通过链表的尾部插入，叫作尾插入法；另一种方式是每次新建立的节点，都是通过链表的头部插入，叫作头部插入法。为了方便链表做删除和插入等操作，我们现在的链表是一个有表头的链表，即该链表的第一个节点的地址存放在一个跟它一样相同类型的表头节点中，该表头节点的数据域不存放任何内存，因而不看作是链表的实际节点。如下面代码，新建了head节点，该节点作为整个链表的表头，指向要新建立的下一个节点。

```
head=Node()
head.next=None
```

（1）尾插入法。

每一次新建立的节点newnode，把读进来的数据元素赋值给它的data数据域，由于是尾插入，意味着这个newnode节点将作为整个链表的最后一个节点，所以它的next指针不能指向任何地方，必须得赋值给None。如下面代码，ptr指向链表的最后一个节点，当新建立一个节点，ptr的next就必须指向newnode，同时为了保证它是整个链表的最后一个节点，此时它又重新赋值ptr=newnode。

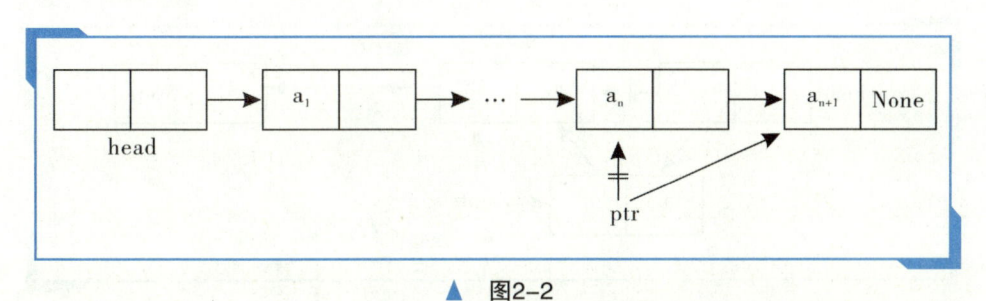

▲ 图2-2

```
def Createtaillink():
    ptr=head
    print("*******************************")
    print("开始创建链表，请输入数字，结束请输入#")
    print("*******************************")
    s=input("请输入")
    while s!="#":
        val=int(s)
        newnode=Node()
        newnode.data=val
        newnode.next=None
        ptr.next=newnode
        ptr=ptr.next
```

```
        s=input("请输入")
print("***********************************")
print("************创建链表结束************")
print("***********************************")
```

（2）头插入法。

与尾插入法相反，头插入法每次新建立的节点newnode，除了把读进来的数据元素赋值给它的data数据域之外，newnode的next指针域马上指向原来链表的第一个节点，如下代码，变量ptr总是指向链表的第一个节点。所有数据元素读入完毕之后，记得最后head的next指针要指向ptr。

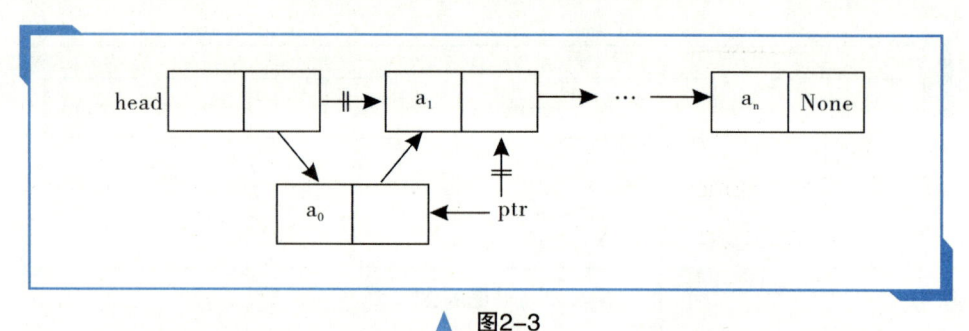

▲ 图2-3

```
def Createheadlink():
    ptr=head.next
    print("***********************************")
    print("开始创建链表，请输入数字，结束请输入#")
    print("***********************************")
    s=input("请输入")
    while s!="#":
        val=int(s)
        newnode=Node()
        newnode.data=val
        newnode.next=ptr
        ptr=newnode
        s=input("请输入")
```

```
head.next=ptr
print("********************************")
print("***********创建链表结束**********")
print("********************************")
```

2.1.2 遍历链表

遍历链表所有节点很简单，只要变量ptr指向链表的第一个节点，利用循环语句，判断有没有到达最后一个节点就可以，时间效率为O(n)。代码如下：

```
def Printlink():
    ptr=head.next
    pos=1
    print("*********开始输出链表信息*********")
    while ptr!=None:
        print("第%d个节点的值%d"%(pos,ptr.data))
        pos=pos+1
        ptr=ptr.next
    print("*********输出链表信息结束*********")
```

2.1.3 求链表的长度

链表的长度指的是链表有多少个节点，其方法与遍历链表一样，不过多了一个累计变量length来统计有多少个节点，循环结束之后，作为返回值返回。

```
def Getlen():
    ptr=head.next
    length=0
    while ptr!=None:
        length=length+1
        ptr=ptr.next
    return length
```

2.1.4　按值查找

按值查找指的是查找当前链表中是否存在值为val的节点，如果存在，则把该链表所有num的节点所在位置返回；如果没有，则返回一个空列表。代码如下：

```python
def findallnode(val):
    ret=[]
    ptr=head.next
    pos=1
    while ptr!=None:
        if ptr.data==val:
            ret.append(pos)
        pos=pos+1
        ptr=ptr.next
    return ret
```

2.1.5　修改某位置的值

修改某位置的值，首先得获取该链表所在位置的节点，然后把该节点的数据域修改为新值。Changenode函数中的形式参数pos的值是在[1，length]范围内的整数，length代表链表的长度。时间效率为O(n)，代码如下：

```python
def Changenode(pos,num):
    ptr=head.next
    cur=1
    while cur!=pos:
        ptr=ptr.next
        cur=cur+1
    ptr.data=num
```

2.1.6 插入新节点

在链表插入新节点，要分三种情况考虑：插入到链表第1个节点；插入到链表中间位置；插入到链表最后一个节点。如图2-4，q指向新插入节点的前一个节点，p指向新插入节点的后一个节点。

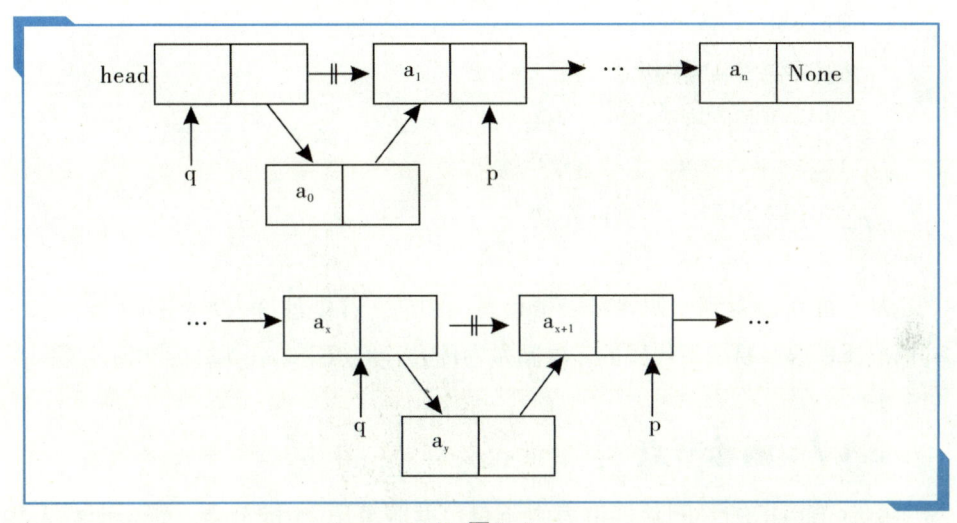

▲ 图2-4

如果新插入的节点是在链表的最后一个节点上，那么只需把原链表最后一个节点的指针域指向新节点，新节点的指针域赋值为None即可，如图2-5所示。注意代码insertnode函数中形式参数pos的值是在[1，length+1]范围内的整数，length代表链表的长度。

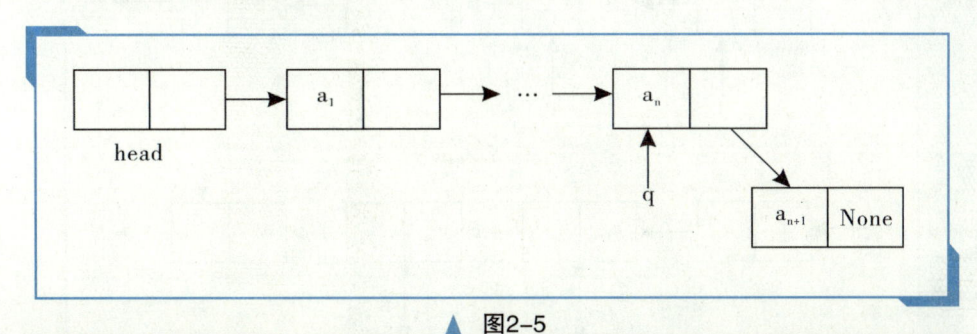

▲ 图2-5

```
def insertnode(pos,val):
    p=head.next;
    q=head
```

```
cur=1
while cur!=pos:
    q=p
    p=p.next
    cur=cur+1
newnode=Node()
newnode.data=val
newnode.next=p
q.next=newnode
print("插入成功")
```

从上面可以看到，如果链表带有表头的话，在处理插入数据的时候，这三种情况还是很容易编写代码的，这就是为什么我们从带有表头开始学习的原因。

2.1.7 删除节点

删除节点指的是删除掉链表中所有数据域等于val的节点，跟上面插入数据一样，删除也要考虑三种情况：删除链表的第一个节点；删除链表中间某个节点；删除链表最后一个节点。如图2-6所示。

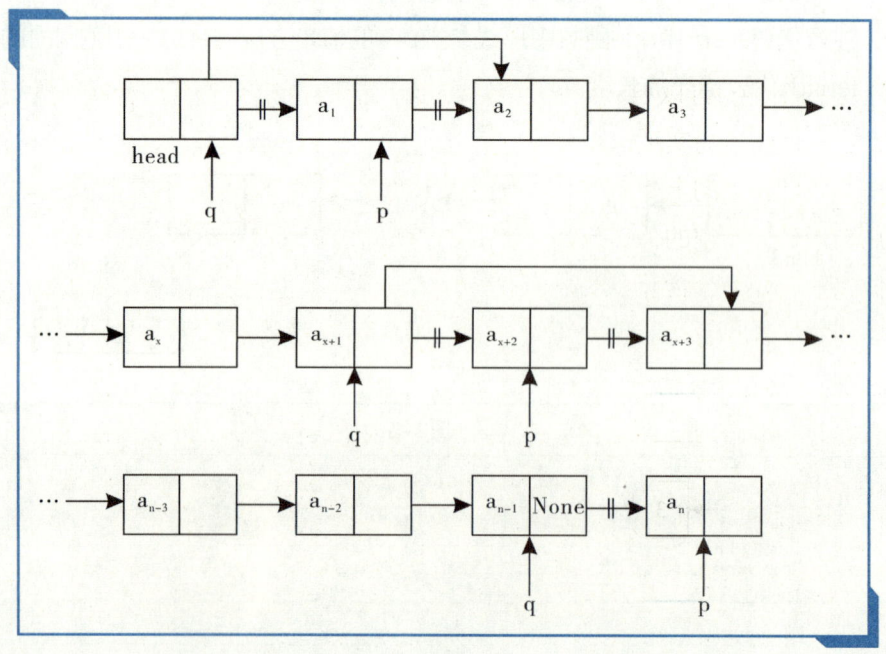

▲ 图2-6

```
def deletenode(val):
    p=head.next
    q=head
    sum=0
    while p!=None:
        if p.data==val:
            q.next=p.next
            p.next=None
            del p
            p=q.next
            sum=sum+1
        else:
            q=p
            p=p.next
    print("该链表所有的"+str(val)+"值删除完毕,共删除"+str(sum)+"个")
```

2.2 循环单链表

  从上面我们可以看到单链表里面的每一个节点都存放了下一个节点的地址，这样就很容易实现访问某一节点后面的下一个节点，但是如果我们想访问某一个节点前面的上一个节点，就很难实现了。仔细发现，单链表的最后一个节点的指针域是空的，那么我们能否让它指向链表的表头节点呢？这显然是可以做到的。如一个含有4个数据元素的线性表{3，1，2，5}，它所对应的循环单链表如图2-7所示：

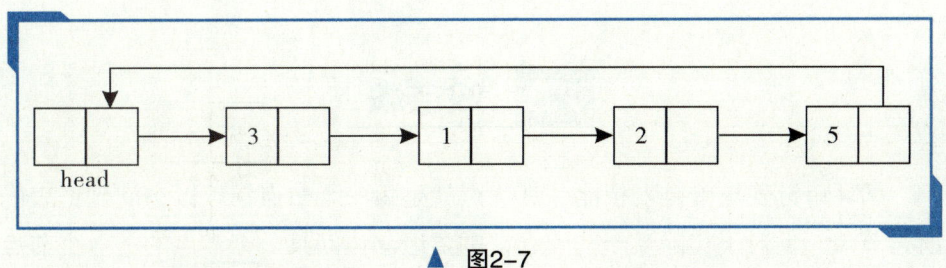

▲ 图2-7

通过这种方式，单链表变成循环单链表，在这个循环单链表中，从链表的每一个节点出发都可以找到链表中的所有节点。由于循环单链表与单链表相应的算法较相似，这里只展示如何建立循环单链表的代码，其他诸如查找、删除、修改、插入等函数，请大家自行完成。

```python
def Createtaillink():
    ptr=head
    print("*******************************")
    print("开始创建链表，请输入数字，结束请输入#")
    print("*******************************")
    str=input("请输入")
    while str!="#":
        val=int(str)
        newnode=Node()
        newnode.data=val
        newnode.next=None
        ptr.next=newnode
        ptr=ptr.next
        s=input("请输入")
    ptr.next=head
    print("*******************************")
    print("************创建链表结束************")
    print("*******************************")
```

对比一下单链表的尾插入，你会发现上面的代码只是增加了倒数第四行代码而已。

2.3 双链表

循环单链表与单链表相比，其优点就是每一个节点都可以访问到链表的所有节点，但对于实际某一些问题，需要经常访问某一个节点的上一个节点

（即前趋节点），循环单链表的时间效率不高，时间效率为O(n)，n为链表的长度。双链表比起单链表来说，其实就是每一个节点多了一个指针域，也就是说双链表每一个节点有两个指针域，一个指向左边的节点，一个指向右边的节点。其节点结构如下：

| 左指针域 | 数据域 | 右指针域 |

所以对于一个含有3个数据元素的线性表{3，1，5}，所对应的带有表头的双链表如下图2-8：

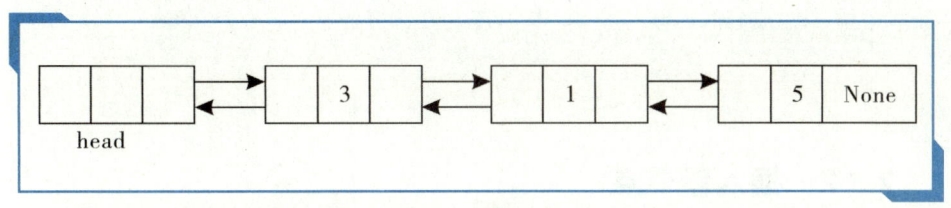

▲ 图2-8

在双链表的运算中，如求链表的长度、遍历链表所有节点的值、修改某个位置的值、按值查找等仅涉及右指针，这些运算对应的算法与单链表中有关算法几乎没有什么差异。但是由于双链表的节点比单链表的节点多了一个左指针域，所以在建立双链表、插入新节点、删除节点等跟单链表有所差异，下面我们来看看它们的具体操作。

2.3.1 建立双链表

与单链表一样，建立双链表也有头插入法和尾插入方法，在这里我们只讲解尾插入法，请大家自行完成头插入法。其代码实现如下：

```
def Createtaillink():
    ptr=head
    print("*******************************")
    print("开始创建链表，请输入数字，结束请输入#")
    print("*******************************")
    s=input("请输入")
    while s!="#":
        val=int(s)
        newnode=Node()
```

```
            newnode.data=val
            newnode.left=ptr
            newnode.right=None
            ptr.right=newnode
            ptr=ptr.right
            s=input("请输入")
print("*******************************")
print("************创建链表结束***********")
print("*******************************")
```

2.3.2 插入新节点

在双链表插入新节点，同样要分三种情况考虑：插入双链表第1个节点；插入双链表中间位置；插入双链表最后一个节点。在下面图2-9中，q指向新插入节点的前一个节点，p指向新插入节点的后一个节点。insertnode函数中形式参数pos的值是在[1，length+1]范围内的整数，length代表链表的长度。

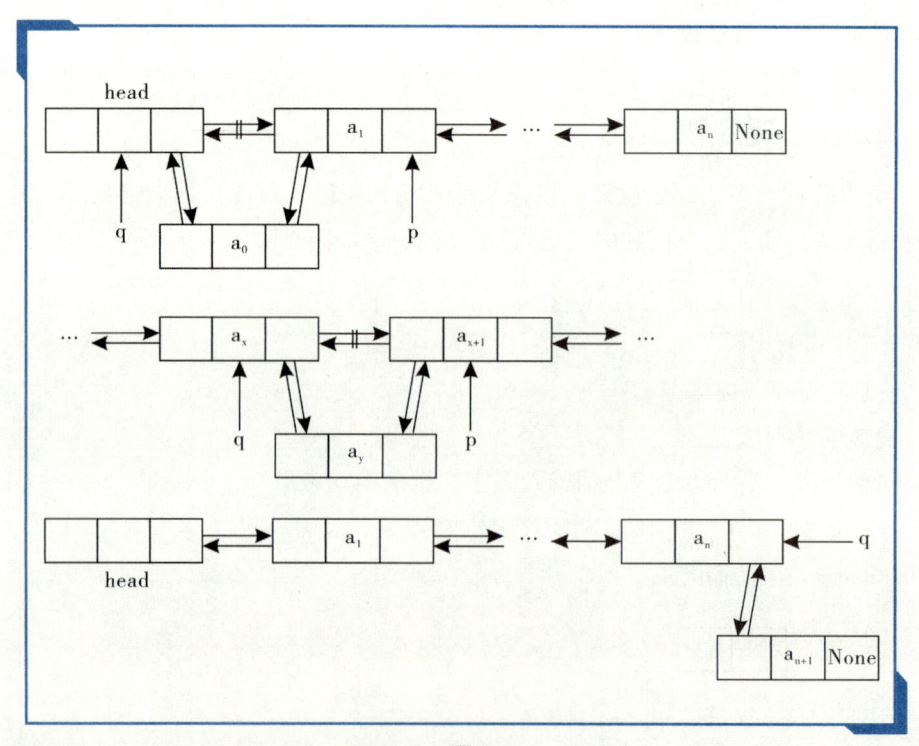

▲ 图2-9

```
def insertnode(pos,val):
    p=head.right;
    q=head
    cur=1
    while cur!=pos:
        q=p
        p=p.right
        cur=cur+1
    newnode=Node()
    newnode.data=val
    newnode.left=q
    newnode.right=p
    q.right=newnode
    if p!=None:
        p.left=newnode
    print("插入成功")
```

2.3.3 删除节点

删除节点指的是删除掉双链表所有数据域等于val的节点。跟上面插入数据一样，删除也要考虑三种情况：删除双链表的第一个节点；删除双链表中间某个节点；删除双链表最后一个节点。如图2-10所示：

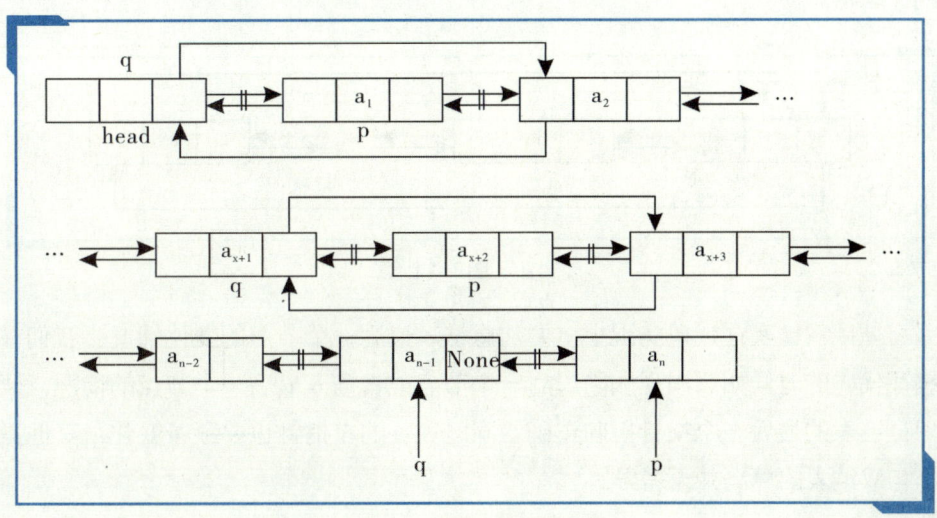

▲ 图2-10

```
def deletenode(val):
    p=head.right
    q=head
    sum=0
    while p!=None:
        if p.data==val:
            q.right=p.right
            if p.right!=None:
                p.right.left=q
            p.right=None
            p.left=None
            del p
            p=q.right
            sum=sum+1
        else:
            q=p
            p=p.right
print("该链表所有的"+str(val)+"值删除完毕,共删除"+str(sum)+"个")
```

至此我们学习完了双链表与单链表不同的几个函数，与单链表类似，双链表可以是非循环的，也可以循环的。如图2-11，是一个带有表头的循环双链表的逻辑状态。

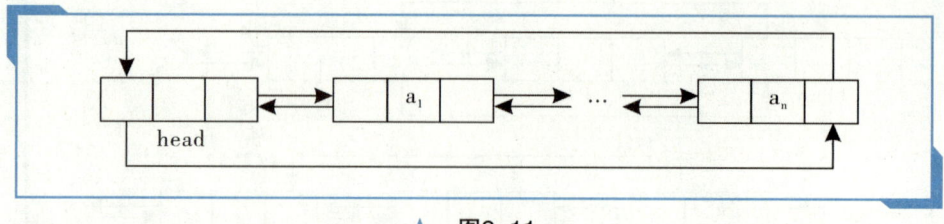

▲ 图2-11

循环双链表在代码实现上，要注意链表最后一个节点的变化情况，我们在编写代码的时候如果出现删除最后一个节点或者插入最后一个节点的情况，要保证链表的最后一个指针指向正确，同时表头的左指针也要跟着变化，其他操作与双链表的算法并无差异。

2.4 链表的具体应用

例题1：请编写程序，设计一个管理学生信息的单向链表，程序要能够建立整个学生信息，如添加一条学生信息、删除一条学生信息、修改某条学生信息、输出所有学生信息、查询某个学生姓名是否在学生信息链中等。部分学生的信息如下表，表格中每一行的学生包含学号、姓名、性别和成绩四个数据项。

学号	姓名	性别	成绩
1	张三	男	75
2	李四	男	67
3	小花	女	89

思路：本题很明确地告诉我们要建立一个单链表，其中表格的每一行就是一名学生的信息，也即对应着链表的一个节点。链表中的每一个节点维护着一个数据元素和一个指向下一个节点的指针。该数据元素包含了学号、姓名、性别、成绩四个数据项。我们知道学号在每一个学生中是不存在重复的，所以在修改学生信息和删除学生信息时可以通过学号作为参数来实现。在插入学生信息中，要保证插入位置i的准确性，我们以"#"作为结束建立学生链表的标记。

```
class Student:
    def __init__(self):
        self.order=0
        self.name=""
        self.sex=""
        self.score=0
        self.next=None
def Createtaillink():
    ptr=head
    print("***********************************")
    print("开始创建链表，请输入学生信息，结束请输入#")
```

```
        print("*********************************")
        s=input("请输入学生学号")
        while s!="#":
              ordernum=int(s)
              name=input("请输入学生姓名")
              sex=input("请输入学生的性别")
              score=int(input("请输入学生的成绩"))
              newnode=Student()
              newnode.order=ordernum
              newnode.name=name
              newnode.sex=sex
              newnode.score=score
              newnode.next=None
              ptr.next=newnode
              ptr=ptr.next
              s=input("请输入学生学号")
        print("*************************************")
        print("************创建链表结束**************")
        print("*************************************")
def Printlink():
        ptr=head.next
        i=1
        print("**********开始输出所有学生的信息**********")
        while ptr!=None:
              print("第%d个学生的信息为：学号：%d 姓名：%s 性别：%s
                    成绩：%d"%(i,ptr.order,ptr.name,ptr.sex,ptr.score))
              i=i+1
              ptr=ptr.next
        print("************输出学生信息结束*************")
def Getlen():
        ptr=head.next
```

```
        i=0
        while ptr!=None:
            i=i+1
            ptr=ptr.next
        return i
def findstudent(studentname):
    ptr=head.next
    flag=True
    i=1
    while ptr!=None and flag:
        if ptr.name==studentname:
            flag=False
        else:
            i=i+1
            ptr=ptr.next
    if ptr==None:
        return 0
    else:
        return i
def Changestudent(ordernum):
    ptr=head.next
    while ptr!=None:
        if ptr.order==ordernum:
            ptr.name=input("请输入你要修改的该名学生的姓名")
            ptr.sex=input("请输入你要修改的该名学生的性别")
            ptr.score=int(input("请输入你要修改的该名学生的成绩"))
            print("修改完毕")
            return
        else:
            ptr=ptr.next
    print("没有找到该名学生")
```

```python
def deletestudent(ordernum):
    p=head.next
    q=head
    while p!=None:
        if p.order==ordernum:
            q.next=p.next
            p.next=None
            del p
            p=q.next
            print("删除完毕")
            return
        else:
            q=p
            p=p.next
    print("没有找到该名学生")
def insertstudent(pos):
    p=head.next;
    q=head
    cur=1
    while cur!=pos:
        q=p
        p=p.next
        cur=cur+1
    newnode=Student()
    newnode.order=int(input("请输入学生的学号"))
    newnode.name=input("请输入学生的姓名")
    newnode.sex=input("请输入学生的性别")
    newnode.score=int(input("请输入学生的成绩"))
    newnode.next=p
    q.next=newnode
    print("插入成功")
```

```python
head=Student()
head.next=None
select=-1
while select!=0:
    print("**********************************")
    print("输入0:结束程序")
    print("输入1:创建学生链表")
    print("输入2:求学生链表长度")
    print("输入3:查找某个学生姓名是否在学生链表中")
    print("输入4:修改学生链表某个学生的信息")
    print("输入5:删除掉学生链表某个学生的信息")
    print("输入6:在某个位置插入学生信息")
    print("输入7:输出链表")
    select=int(input("请输入如上数字"))
    if select==0:
        print("程序结束")
        break
    if select==1:
        Createtaillink()
    if select==2:
        print("学生链表长度为%d"%Getlen())
    if select==3:
        studentname=input("请输入你要查找的学生姓名")
        i=findstudent(studentname)
        if i==0:
            print("没有找到")
        else:
            print("在第%d个位置找到学生的信息"%(i))
    if select==4:
        ordernum=int(input("请输入你要修改学生的学号"))
        Changestudent(ordernum)
```

```
if select==5:
    if Getlen()==0:
        print("还没有创建链表,请先创建链表")
        continue
    ordernum=int(input("请输入你要删除的学生学号"))
    deletestudent(ordernum)
if select==6:
    length=Getlen()
    print("请输入你要插入的位置,范围为1到%d的数字"%(length+1))
    i=int(input("请输入如上要求范围"))
    while i<1 or i>length+1:
        print("范围输错,请重新输入")
        print("请输入你要修改的位置,范围为1到%d的数字"
            %(length+1))
        i=int(input("请输入如上要求范围"))
    insertstudent(i)
if select==7:
    Printlink()
```

例题2：约瑟夫问题是一个经典的问题。有n个人围坐成一圈，这n个人编号为1到n，从第一个人开始报数，数到m的人就要出列，然后这个人的下一个人重新从1开始报数，再数到m的人站出来，依次重复下去，直到所有人都出列为止，请问出列的人的次序是怎样？例如n=10，m=5，答案为：5，10，6，2，9，8，1，4，7，3。

思路：解决约瑟夫问题其实有很多方法，利用循环单链表来解决是一种很简单的模拟方法，我们将这n个人建立一个循环单链表，当每次数到m的那个节点就删除，然后再从0开始计数。注意，我们的代码是一个带有表头的循环单链表，所以在编写的时候每次数到表头都要跳过，因为它不是实际的节点。

```python
class Node:
    def __init__(self):
        self.data=0
        self.next=None
def Createtaillink(n):
    ptr=head
    i=0
    while i<n:
        i=i+1
        newnode=Node()
        newnode.data=i
        newnode.next=None
        ptr.next=newnode
        ptr=ptr.next
    ptr.next=head
def deletenode(m):
    pos=[]
    p=head.next
    q=head
    s=0
    i=0
    while s<n:
        i=i+1
        if p==head:
            p=p.next
            q=head
        if i==m:
            q.next=p.next
            p.next=None
            pos.append(p.data)
            del p
```

```
                p=q.next
                s=s+1
                i=0
            else:
                q=p
                p=p.next
    return pos
head=Node()
head.next=None
n=int(input("请输入总人数"))
Createtaillink(n)
m=int(input("输入m的值"))
a=deletenode(m)
for i in a:
    print(i,end=" ")
```

2.5 本章小结

本章我们学习了几种类型的链表，虽然它们存储数据元素的地址并不连续，但是通过"指针"的方式建立起数据元素之间的逻辑关系。编写链表的代码比起用数组来说确实烦琐，而且容易出错，但希望大家能够尽快熟练掌握它们。相比数组，链表中的节点空间是动态申请和动态释放的，这样可以解决数组空间浪费或者不足的问题。

第3章 栈和队列

在第2章中，我们学习了关于线性结构的链表，链表是一种可以在任何位置进行插入和删除节点的数据结构。本章即将要学习的栈和队列，其实也是另外的两种线性数据结构，只不过它们对插入和删除节点有限制要求。栈和队列广泛运用于计算机编程中，本章将对它们的概念、顺序存储结构和链式存储结构进行探讨，并给出一些应用的实例。

3.1 栈

3.1.1 栈的概念

与链表相同，栈也是一种线性序列结构，但不同的是，它是一种操作受限制的数据结构。其限制是仅允许在线性表的一端进行插入和删除操作，这一端称为栈顶，相对地，我们把固定的另一端称为栈底。向一个栈插入新元素又称作"进栈""入栈"或"压栈"，是把新元素放到栈顶元素的上面，使之成为新的栈顶元素；从一个栈删除元素又称作"出栈"或"退栈"，是把栈顶元素删除掉，使其相邻的元素成为新的栈顶元素。如下图3-1，就是栈的逻辑结构图。

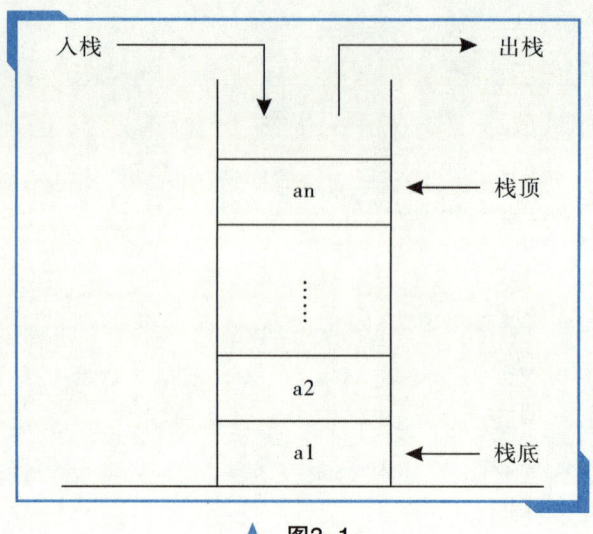

▲ 图3-1

仔细观察并思考，我们不难发现，栈底的元素是最先入栈的，而栈顶是最后一个入栈的。但是出栈的时候，栈顶元素先出栈，栈底元素最后出栈。所以，栈中元素遵循后进先出（last-in-first-out，LIFO）的规律。如图3-2，我们把编号为1，2，3，4四个数按照这样的操作序列："进，出，进，进，出，进，"则最后栈剩下2和4两个元素，而出栈的顺序是1和3。

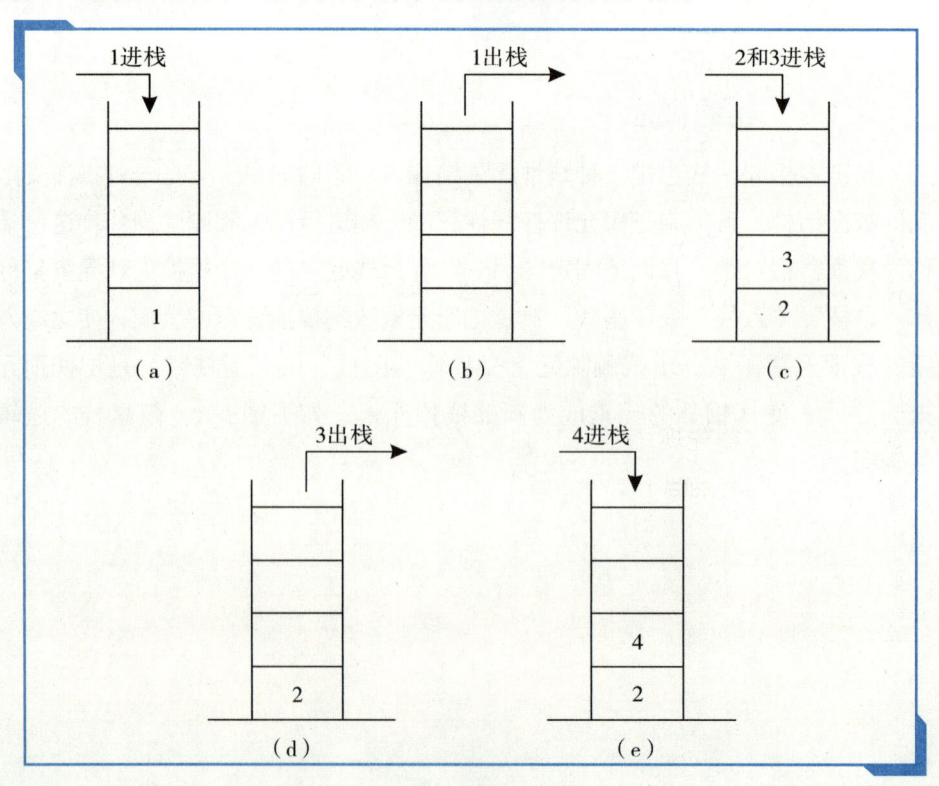

▲ 图3-2

栈的操作运算特点，其实在我们生活中到处可见。比如一摞碗，只有一直拿走最顶的碗，最后才能拿掉最底端的碗。而之前这个最底端的碗却一定要先放，才能在它上面放其他碗，最后才能摞起一摞碗。还有一个生动的例子就是装子弹的弹匣，我们把子弹一个一个装进里面，但是在开枪的时候，最后一个装进去的子弹却是被第一枪打出去，最先装进的子弹，却是最后一枪打出去的。

栈在实际运用过程中涉及如下的几个操作：

（1）建栈：初始化一个空栈，里面没有任何元素。

（2）进栈：把一个数据元素压入栈中，此时该数据元素成为栈顶的新元素。

（3）出栈：如果栈中还有元素内容，可以把栈顶的元素弹出。

（4）查看栈顶元素：若栈非空，可以获取栈顶元素的值。

（5）判断栈是否为空：若为空，返回"True"，否则返回"False"。

实现栈有两种方式，一种是用列表数据结构来实现顺序存储结构，另一种是用链表来实现链式存储结构，其对应的栈分别称为顺序栈和链式栈。下面我们将进行分别介绍。

3.1.2 栈的顺序存储结构

栈的顺序存储结构指的是利用一组地址连续的存储单元依次存放栈底到栈顶的数据元素。Python语言中，我们以列表来实现栈的顺序存储结构。由于栈的栈底是不能进行任何操作的，而所有的操作都在栈顶，所以我们用变量top来表示栈顶元素在列表的位置，当top=-1时，表示此时栈为空，当top=maxstack-1时，表示栈已满。其相关算法代码如下：

```
maxstack=100
#建立起空栈，事先规定列表的空间大小
stack=[None]*maxstack
top=-1
#判断栈是否为空
def isempty():
    global top
    if top==-1:
```

```
            return True
        else:
            return False
#把元素压入栈中
def push(data):
    global top
    global maxstack
    global stack
    if top>=maxstack-1:
        print("栈已满，无法再加入")
    else:
        top=top+1
        stack[top]=data
#从栈顶弹出元素
def pop():
    global top
    global stack
    if isempty():
        print("栈是空的")
     else:
        print("弹出的元素为：%d"%stack[top])
        top=top-1
#获取栈顶元素的值
def gettop():
    global top
    global stack
    if isempty():
        print("栈是空的")
    else:
        return stack[top]
```

在上面代码中，要注意进栈时，栈是否为满；出栈或者获取栈顶元素时，栈是否为空。用列表来实现栈的顺序存储结构，编写代码比较方便，但是由于列表存储空间是预先规划好大小的，会出现列表空间不足或空间浪费的情况。

3.1.3 栈的链式存储结构

栈的链式存储结构能够根据程序的要求，动态申请需要的存储空间。链式存储结构用到是链表，可以动态改变链表的长度，能有效利用内存资源。

由于栈只能在栈顶进行插入和删除元素，所以我们用一个变量top指向栈的栈顶节点。如图3-3，在栈的每一个节点，它的指针域指向下面的节点，而在栈底的最后一个节点，它的指针域为None。该链表没有表头。

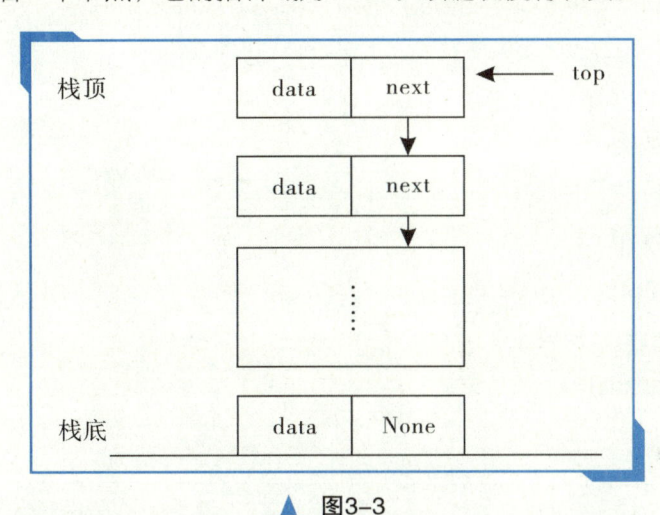

▲ 图3-3

栈的链式存储结构相关算法所对应的代码如下：

```
#栈链节点的声明
class Node:
    def __init__(self):
        self.data=0  #栈数据的声明
        self.next=None  #栈中用来指向下一个节点
top=None

#判断栈是否为空
def isEmpty():
    if(top==None):
```

```
            return 1
    else:
            return 0

#将指定的数据压入栈
def push(data):
    global top
    newnode=Node()
    newnode.data=data   #将传入的值指定为节点的数据域
    newnode.next=top    #将新节点指向栈的顶端
    top=newnode         #新节点成为栈的顶端
#从栈弹出数据
def pop():
    global top
    if isEmpty():
        print("栈为空")
        return -1
    else:
        ptr=top             #指向栈的顶端
        top=top.next        #将栈顶端的指针指向下一个节点
        temp=ptr.data       #弹出栈的数据
        return temp         #将从栈弹出的数据返回给主程序
#获取栈顶元素
def getop():
    if isEmpty():
        print("栈为空")
    else:
        return top.data
```

从代码可以看到，由于采用了链式存储结构，就不必像列表那样预先开辟一片存储空间作为栈的存储空间，所以不会出现栈满的情况。链式栈能根据程序对存储空间的需求，动态申请需要的存储内存，保证存储空间不浪费。

3.2 栈的具体应用

例题1：输入一个十进制数N，将其转换为二进制数输出。其中 $0 \leq N \leq 32767$。例如，输入10，结果输出1010。请编写程序实现。

思路：把十进制的数转换为二进制的数，我们采取的是除2取余法，然后将余数逆序输出来。具体做法是：用2除以一个十进制数，得到商和余数，余数肯定是0或者1，把这个结果压入栈中；接着再用2除以这个商，再次得到另一个商和余数，把余数压入栈中，如此进行，直到商为零为止。最后把栈里面的余数全部取出来输出得到的就是答案。如图3-4所示：

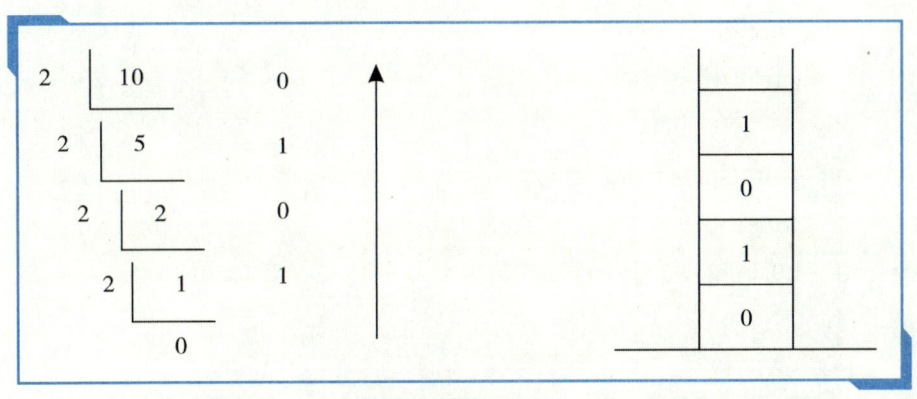

▲ 图3-4

对应Python语言相关算法代码如下：

```
maxstack=100
stack=[None]*maxstack
top=-1
def isempty():
    if top==-1:
        return True
    else:
        return False
def push(data):
```

```
        global top
        global maxstack
        global stack
        if top>=maxstack-1:
            print("栈已满，无法再加入")
        else:
            top=top+1
            stack[top]=data
def pop():
    global top
    global stack
    if isempty():
        print("栈是空的")
    else:
        print(stack[top],end="")
        top=top-1
n=int(input("请输入一个十进制的数"))
while n!=0:
    r=n %2
    push(r)
    n=n//2
while top>=0:
    pop()
```

例题2：符号匹配是编程世界常见的问题，括号匹配是符号匹配之一。现给出一些括号序列，编程判断这个序列是否匹配。所谓匹配指的是每一个左括号都有一个右括号与之对应，而且对应的两个符号的类型是一致的。如下面的括号序列是匹配的：

{ { [( )] ( ) }]{ }
[ ][ ][( ){ }

以下括号序列是不匹配的：

([)]
()(()
{(}}

对于输入的括号序列，正确匹配的输出"YES"，否则输出"NO"。

思路：该题正确的括号序列不仅要求左括号对应右括号，同时类型也要求一致，如何跟栈联系起来呢？我们知道栈有两个操作：进栈和出栈。当我们扫描括号序列的时候，遇到任何类型的左括号，都进栈，遇到任何类型的右括号，都不进栈，但检查栈顶的左括号与目前的右括号类型是否一致，如果一致，就弹出栈顶元素。程序最后检查栈是否为空，栈为空就是正确序列，否则就是错误的括号序列。

```python
maxstack=100
stack=[None]*maxstack
top=-1
def isempty():
    if top==-1:
        return True
    else:
        return False
def push(data):
    global top
    global maxstack
    global stack
    if top>=maxstack-1:
        print("栈已满，无法再加入")
    else:
        top=top+1
        stack[top]=data
def pop():
```

```
        global top
        global stack
        if isempty():
            print("栈是空的")
        else:
            top=top-1
def gettop():
    if isempty():
        print("栈是空的")
    else:
        return stack[top]
s=input("请输入括号序列")
length=len(s)
i=0
flag=True
while i<length and flag:
    if s[i] in "{[(":
        push(s[i])
    else:
        if top==-1:
            flag=False
        else:
            if s[i]=="}" and gettop()!="{":
                flag=False
                break
            if s[i]=="]" and gettop()!="[":
                flag=False
                break
            if s[i]==")" and gettop()!="(":
                flag=False
                break
```

```
            if s[i]==")" and gettop()=="{":
                pop()
            if s[i]==")" and gettop()=="[":
                pop()
            if s[i]==")" and gettop()=="(":
                pop()
        i=i+1
if flag==False or top!=-1:
    print("NO")
else:
    print("YES")
```

3.3 队列

3.3.1 队列的概念

队列也是一种特殊的线性结构，跟栈一样，它对插入和删除操作都有限制。通常我们把插入节点的一端称为队尾，删除节点的另一端称为队头。在队列中插入一个元素称为入队，从队列中删除一个元素称为出队。因为队列只允许在一端插入，在另一端删除，所以只有最早进入队列的元素才能最先从队列中删除，故队列遵循先进先出的规律（FIFO—first in first out）。

出队 ← | a_1 | a_2 | a_3 | … | a_{n-1} | a_{n-1} | a_n | ← 入队

队头　　　　　　　　　　　　　　　　队尾

▲ 图3-5

如图3-5所示，向队列插入 a_1, a_2, a_3 … a_n，其中 a_1 最先插入，那么意味着 a_1 最先出队。队列跟我们日常生活中排队差不多，例如在学校饭堂排队打饭，最早到的同学最先打饭，后面到的依次排队。

在对队列进行操作的过程中，有如下几个常用的操作：

（1）建立队列：创建空队列。

（2）取队头元素：如果队列有内容，那么返回队头前端元素的值。

（3）出队操作：如果队列不为空，那么就删除队头前端的元素。

（4）入队操作：如果队列未满，就把新数据插入到队尾。

（5）判断空队列：若队列为空，则返回True，否则返回False。

与栈一样，在实现队列存储上也有两种方式：一种是用列表数据结构来实现顺序存储结构，另一种是用链表来实现链式存储结构，其对应的队分别称为顺序队列和链式队列。下面我们将分别进行介绍。

3.3.2 队列的顺序存储结构

队列由于是在队尾插入元素，在队头删除元素，所以我们需要front变量指向队头和rear变量指向队尾。在下面的Python代码中，front变量和rear变量初始化的时候都赋值为-1。当在队尾插入一个元素的时候，rear变量自身加1，然后把新值赋值给queue[rear]，也就是说rear变量指向的是队列的最后一个元素。在队头删除元素时，front自身加1，也就是说front指向的是队列已出队的元素，它后面第front+1位置才是队列的第一个元素。相关算法代码如下：

```python
maxsize=100    #队列的最大容量
queue=[None]*maxsize    #创建空队
front=-1    #队头
rear=-1    #队尾
#判断队列是否为空
def isempty():
    if front==rear:
        return True
    else:
        return False
#入队操作
def enqueue(data):
    global rear
    global front
```

```
        global maxsize
        if rear==maxsize-1:
            print("队列已满")
        else:
            rear=rear+1
            queue[rear]=data
#出队操作
def dequeue():
    global rear
    global front
    global maxsize
    if front==rear:
        print("队列已为空")
    else:
        front=front+1
#获取队列前端元素的值
def getfront():
    global rear
    global front
    global maxsize
    if front==rear:
        print("队列已为空")
    else:
        return queue[front+1]    #注意front+1位置才是队头第一个元素
```

由以上代码可以知道，队列中元素的数量为rear-front，其中队空和队满的条件如下：

队空条件：front==rear

队满条件：rear==maxsize-1

随着队列的入队和出队操作，我们知道最后rear会等于maxsize-1，此时再有新元素想入队，就没有办法实现了，同时我们发现随着出队操作，front变量前面空出了很多存储空间，这些存储空间却没有被充分利用，我们把这种现象称为"假溢出"。队列出现假溢出的最坏现象是rear等于maxsize-1，front也等于maxsize-1。显然，这是十分不合理的。

想解决以上问题，我们可以考虑循环队列。循环队列就是将队列存储空间的最后一个位置绕到第一个位置，形成逻辑上的环状空间，供队列循环使用。在循环队列结构中，当存储空间的最后一个位置已被使用而还需要入队操作时，只需要存储空间的第一个位置空闲，便可将元素加入第一个位置，即将存储空间的第一个位置作为队尾。循环队列可以防止假溢出的发生，但队列大小始终是固定的。如图3-6所示。

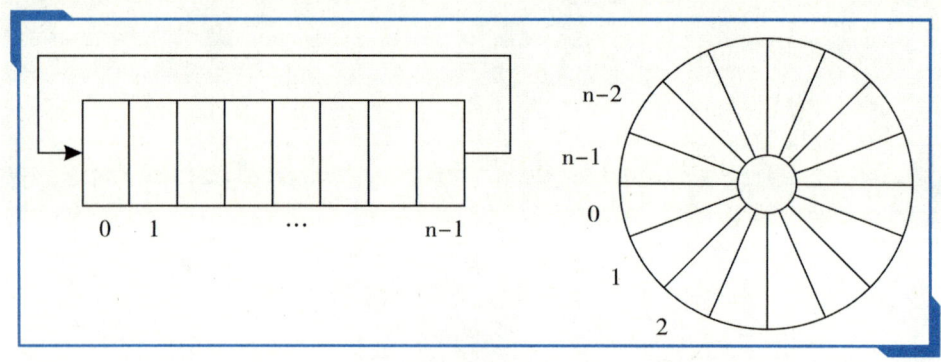

▲ 图3-6

循环队列的列表下标范围为[0，maxsize-1]，而我们进行入队和出队操作，变量rear和front都会自身加1，要让这两个变量一直都在[0，maxsize-1]范围内，只需把这两个变量自身加1之后再对maxsize取余数。跟顺序队列一样，front指向的是队头第一个元素前面的位置，rear指向的是队尾最后一个元素的位置。为了处理方便，初始化的时候，front和rear赋值为maxsize-1，不再跟上面的顺序队列赋值为-1一样，因为我们要保证front始终指向队头第一个元素前面的位置。循环队列还有一个细节需要大家注意，那就是front等于rear的值，既可以表示队空，也可以表示队满，为了不让混淆，我们规定循环队列只能装满maxsize-1个元素，留一个位置作为标记，该标记是front变量指向的位置，代表该位置的元素刚刚出队，所以每次在入队操作前，(rear+1)对maxsize取余数等于front就说明队满了。

队空条件：front==rear

队满条件：front==(rear+1)%maxsize

循环队列元素数量为：(rear-front+maxsize)%maxsize

循环队列Python的相关算法代码如下：

```python
maxsize=100    #队列的最大容量
queue=[None]*maxsize    #创建空队
front=maxsize-1    #队头
rear=maxsize-1    #队尾
#入队操作
def enqueue(data):
    global rear
    global front
    global maxsize
    if (rear+1)%maxsize==front:
        print("队列已满")
    else:
        rear=(rear+1)%maxsize
        queue[rear]=data
        print("插入完毕")
#出队操作
def dequeue():
    global rear
    global front
    global maxsize
    if front==rear:
        print("队列已为空")
    else:
        front=(front+1)%maxsize
        print("删除完毕")
        return queue[front]
#获取队列前端元素的值
def getfront():
    global rear
    global front
    global maxsize
```

```
if front==rear:
    print("队列已为空")
else:
    return queue[(front+1)%maxsize]
```

3.3.3 队列的链式存储结构

队列除了可以用列表来实现顺序存储之外，还可以用单链表来实现链式存储结构。我们把用单链表实现的队列称为链队，链队的队尾用于插入新元素，用一个变量rear指向单链表的最后一个节点，链队的队头用于删除元素，初始化的时候，我们把front和rear指向一个表头节点，也就是说我们这个单链表是带有表头节点的，这个表头节点不算实际节点，所以当front等于rear时，队为空。如图3-7所示。

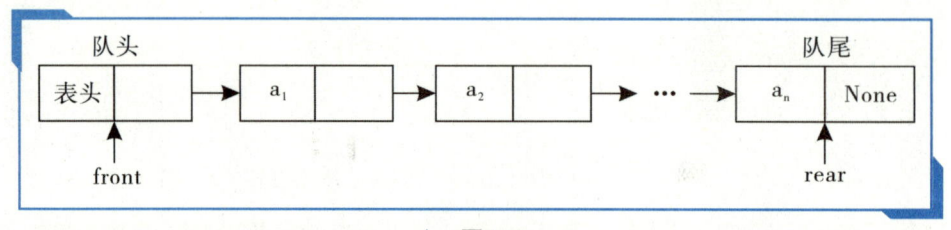

▲ 图3-7

链队的Python语言相关算法代码如下：

```
class node():
    def __init__(self):
        self.data=0
        self.next=None
front=node()   #建立表头节点
rear=front
#入队操作
def enqueue(data):
    tempnode=node()
    tempnode.data=data
    tempnode.next=None
```

```
        rear.next=tempnode
        rear=tempnode
#出队操作
def dequeue():
    if front==rear:
        print("队为空")
    else:
        tempnode=front.next
        front.next=tempnode.next
        if tempnode==rear:
            rear=front
        del tempnode
```

注意删除链队最后一个节点的时候，rear要重新赋值等于front。

3.3.4 双端队列

双端队列是一种可以在队列两端同时进行删除和插入数据的数据结构。新元素既可以被添加到前端，又可以被添加到后端，同样，删除数据也可以在任意一端进行操作，如图3-8所示。

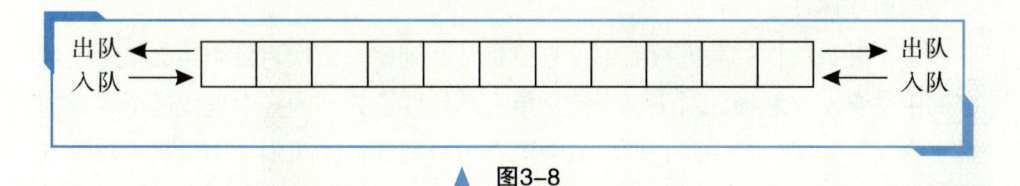

▲ 图3-8

双端队列的Python语言相关算法代码如下：

```
class queue:
    def __init__(self):
        selt.items=[]
    def isempty(self):
        return self.items==[]
```

```
def addleft(self,data):
    self.items.insert(0,data)   #在前端插入元素
def addright(self,data):
    self.items.append(data)     #在后端插入元素
def removeleft(self):
    return self.items.pop(0)    #移除第一个元素
def removeright(self):
    return self.items.pop()     #移除最后一个元素
```

在双端队列Python语言实现中,右边(即后端)的插入操作和删除操作的时间效率为O(1),在左边(即前端)的插入操作和删除时间效率为O(1),这主要与Python语言内置的append()、insert()和pop()函数有关。

3.4 队列的具体应用

例题:洛谷P1540机器翻译。

题目背景:

小晨的电脑上安装了一个翻译软件,他经常用这个软件来翻译英语文章。

题目描述:

这个翻译软件的原理很简单,它只是从头到尾,依次将每个英文单词用对应的中文含义来替换。对于每个英文单词,软件会先在内存中查找这个单词的中文含义,如果内存中有,软件就会用它进行翻译;如果内存中没有,软件就会在外存中的词典内查找,查出单词的中文含义然后翻译,并将这个单词和译义放入内存,以备后续的查找和翻译。

假设内存中有M个单元,每单元能存放一个单词和译义。每当软件将一个新单词存入内存前,如果当前内存中已存入的单词数不超过M-1,软件会将新单词存入一个未使用的内存单元;若内存中已存入M个单词,软件会清空最早进入内存的那个单词,腾出单元来,存放新单词。

假设一篇英语文章的长度为N个单词。给定这篇待译文章,翻译软件需要去外存查找多少次词典?假设在翻译开始前,内存中没有任何单词。

输入格式：

共2行。每行中两个数之间用一个空格隔开。

第一行为两个正整数M，N，代表内存容量和文章的长度。

第二行为N个非负整数，按照文章的顺序，每个数（大小不超过1000）代表一个英文单词。文章中两个单词为同一个单词的条件是，当且仅当它们对应的非负整数相同。

输出格式：

一个整数，为软件需要查词典的次数。

样例输入：

```
3 7
1 2 1 5 4 4 1
```

样例输出：

```
5
```

说明提示：

每个测试点1s

对于10%的数据有M=1，N≤5。

对于100%的数据有0≤M≤100，0≤N≤1000。

查词典完整过程如下： 每行表示一个单词的翻译，冒号前为本次翻译后的内存状况。

空：内存初始状态为空。

1. 1：查找单词1并调入内存。

2. 12：查找单词2并调入内存。

3. 12：在内存中找到单词1。

4. 125：查找单词5并调入内存。

5. 254：查找单词4并调入内存替代单词1。

6. 254：在内存中找到单词4。

7. 541：查找单词1并调入内存替代单词2。

共计查了5次词典。

思路：本题是一道竞赛题目，有点难度。但不难看出本题是考查队列算法，下面的代码用循环队列来实现。根据题意，内存需要m个存储空间，同时循环队列需要留一个位置作为标记，用来判断队列是否为满，所以队列的大小为m+1，列表的范围为[0, m]。题意告诉我们，文章有n个单词，且单词用0到1000的数字表示，所以我们多开一个flag列表，用来标记哪些数字是否在队列中，没有在队列中才入队。本题Python相关算法代码如下：

```
s=input()
listitem=s.split()
m=int(listitem[0])
n=int(listitem[1])
s=input()
listitem=s.split()
i=0
flag=[False]*1010
cnt=0
stack=[None]*(m+1)
front=m
rear=m
j=0
def enqueue(data):
    global stack
    global rear
    global flag
    global m
    rear=(rear+1)%(m+1)
    stack[rear]=data
    flag[data]=True
def dequeue():
    global stack
    global front
    global flag
```

```
        global m
        front=(front+1)%(m+1)
        flag[stack[front]]=False
while i<n:
    x=int(listitem[i])
    if flag[x]==False:
        cnt=cnt+1
        if (rear-front+m+1)%(m+1)>=m:
            dequeue()
        enqueue(x)
    i=i+1
print(cnt)
```

3.5 本章小结

本章学习了两种线性结构：栈和队列。这两种数据结构都可以通过顺序结构和链式结构来实现，它们都是计算机编程算法里面最基础的内容，比如，栈对理解递归思想有帮助，而队列却是第10章广度优先搜索的一个基础。熟练掌握它们，对提升编程能力有帮助。

第4章 树和图

在第2章和第3章中，我们学习了三种线性结构：链表、栈和队列。在线性结构中，数据元素的逻辑位置之间呈线性关系，即每一个数据元素只有一个前驱（除第一个元素外）和一个后继（除最后一个元素外）。本章我们来学习非线性结构：树和图。它们的特点是至少存在一个节点有多于一个前驱或后继节点。

4.1 图

4.1.1 图的基本概念

计算机编程领域的图与计算机多媒体领域的图像是两回事，这里的图，其含义是由若干个点及点之间的边所构成的一种数据结构。图一般是许多具体问题抽象出来的数学模型，通过图可以反映问题中事物之间的某种特定关系，例如用点来代表事物，用两点的直线或曲线（称为边）边来反映事物之间的某种关系。实际生活中很多例子都可以通过图来表示其内部关系。

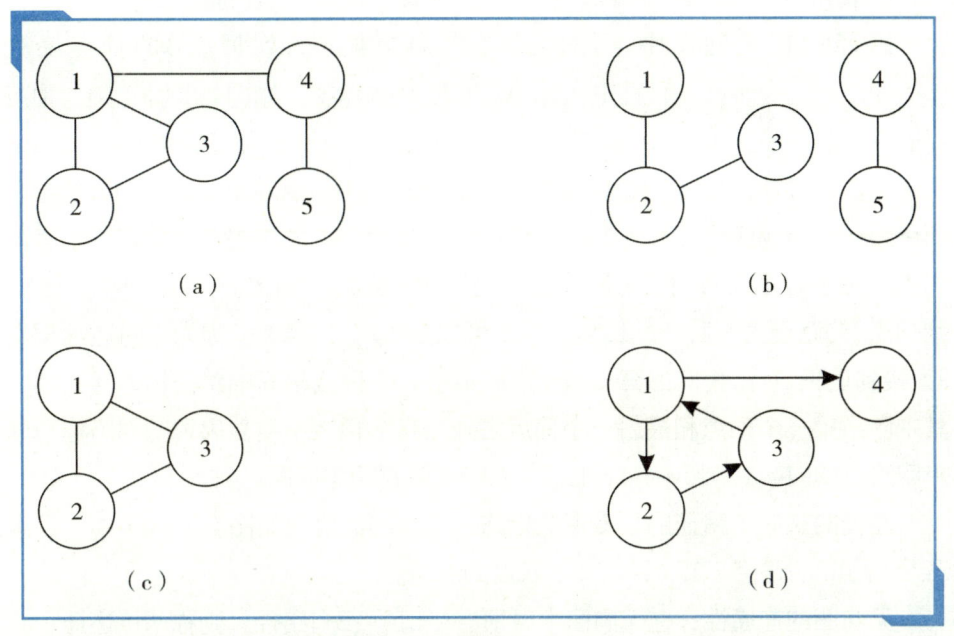

▲ 图4-1

如图4-1，（a）、（b）、（c）和（d）都是图的逻辑表现形式，图的数学定义为Graph=(V, E)，V是图中点的集合，E是图中边的集合，如果<x, y>∈E，则表示点x与点y有边相连。

有向图与无向图：在一个图中，如<x, y>和<y, x>指的是同一条边，那么称此图为无向图，如图4-1的（a）、（b）和（c）。在一个图中，如<x, y>∈E，但<y, x>∉E或<y, x>∈E，但<x, y>和<y, x>指的是不同边，那么称此图为有向图，例如图4-1的（d）。我们在画有向图的逻辑图时，边都是带有箭头的，'代表了方向。

完全图：若有向图中有n个顶点，则最多有n×(n-1)条边（图中任意两个顶点都有两条边相连，且顶点A-B与顶点B-A是两条边），将具有n×(n-1)条边的有向图称为有向完全图。若无向图中有n个顶点，则最多有n×(n-1)/2条边（任意两个顶点之间都有一条边，且顶点A-B与顶点B-A是同一条边），将具有n×(n-1)/2条边的无向图称为无向完全图，如图4-1（c）是一个无向完全图。

顶点的度：在无向图中，顶点的度等于与顶点相连的边的数量，例如在图4-1（a）中，顶点1的度为3，顶点5的度为1。在有向图中，顶点的度等于顶点的入度和出度的和。顶点的入度是以顶点为终点的有向边的条数，顶点的出度是以顶点为始点的有向边的条数。如图4-1（d）中，顶点4有1个入度，0个出度，所以4的度为1；顶点1有2个出度，1个入度，所以顶点1的度为3。

路径：在无向图中，图的路径指的是顶点A到顶点B的顶点序列（$v_0=v_A, \cdots, v_n=v_B$），其中<v_{i-1}, v_i>∈E, 0≤i≤n。如图4-1（a）中，顶点2到顶点5的路径为（2，1，4，5），当然顶点2到顶点5的路径还有（2，3，1，4，5）、（2，1，3，2，1，4，5），我们把序列中顶点不重复出现的路径称为简单路径，所以序列（2，1，4，5）和（2，3，1，4，5）是简单路径。在有向图中，由于边是有方向的，所以路径也是有方向的。如图4-1（d）中，顶点2到顶点4的路径为（2，3，1，4），不可以是（2，1，4），因为没有边从顶点2直接到达顶点1。我们把第一个顶点和最后一个顶点相同的路径称为回路环，其中除了第一个顶点和最后一个顶点之外，其余顶点不重复出现的回路称为简单回路。如图4-1（d）中，（1，2，3，1）就是简单回路。

路径的长度：路径的长度指的是路径上边的数量。如图4-1（a）中，顶点2到到顶点5的路径（2，1，4，5）长度为3。

无向图的连通性：在无向图中，顶点A和顶点B有路径，则称两点连通。如果图中任意两点都是连通的，则称图是连通图，例如图4-1（a）和（c）。在非连通图中，连通分量指的是极大的连通图，所谓极大，指的是没有其他连通子图可以完全包含该子图，例如图4-1（b），该图不连通，但存在两个连通分量，分别是顶点（1，2，3）和顶点（4，5）。

有向图的连通性：在有向图中，若对于每一对顶点A和B，都存在A到B的路径和B到A的路径，则称此图为强连通图。强连通分量指的是在非强连通图中，有向图中的极大强连通子图。如图4-1（d）中，该图不是强连通图，但存在两个强连通分量，分别是顶点（1，2，3）和顶点（4）。

权和网：如果图中的边带有一个数值，那么我们就称该数值为边的权。边的权一般代表顶点之间的距离或花费的费用。我们把边上带有权的图称为有权图，也称作"网"。

稀疏图和稠密图：在一个图中，如果顶点数量很多，边的数量却很少，我们把图称为稀疏图；反之，顶点数量不多，反而边数量很多，我们把该图称为稠密图，完全图是边数最多的稠密图。

4.1.2 图的存储结构

存储图的内容，不仅要存储图中的点，还要存储图中的边，常见图的存储结构有两种，分别是邻接矩阵和邻接表。

(1)邻接矩阵。

邻接矩阵是表示图存储结构最简单的方式，它的实现方式就是用一个二维的矩阵，对于Python语言，就是用二维的列表。其原理就是，对于一个有n个点的图，开一个n行n列的矩阵，矩阵中第i行与第j列交叉的格子的值表示顶点i与顶点j的连接情况。设G=(V,E)是具有n个顶点的图，它所对应的邻接矩阵map[i][j]定义如下。

如果图G是没有带权值的无向图和有向图：

$$map[i][j]=\begin{cases}1, & 若<i,j>\in E\\0, & 若<i,j>\notin E\end{cases}$$

如果图G的边是带有权值的无向图和有向图：

$$map[i][j]=\begin{cases}w_{ij}, & 若<i,j>\in E\\0, & 若<i,j>\notin E\end{cases}$$

w_{ij}是顶点i到顶点j的边的权值。

如图4-2(a)、(b)和(c)所示，它们所对应的邻接矩阵如下：

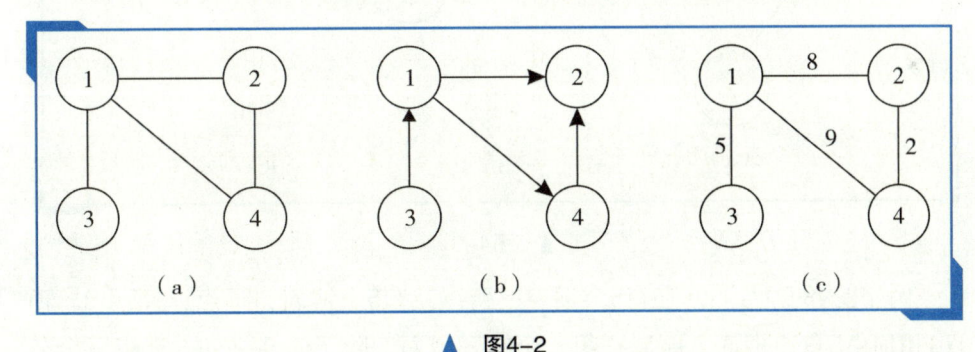

▲ 图4-2

$$map[i][j]=\begin{bmatrix}0&1&1&1\\1&0&0&1\\1&0&0&0\\1&1&0&0\end{bmatrix} \quad map[i][j]=\begin{bmatrix}0&1&0&1\\0&0&0&0\\1&0&0&0\\0&1&0&0\end{bmatrix} \quad map[i][j]=\begin{bmatrix}0&8&5&9\\8&0&0&2\\5&0&0&0\\9&2&0&0\end{bmatrix}$$

仔细观察上面的邻接矩阵，它具有如下特点：

①无向图的邻接矩阵具有对角线对阵特征，同时对于含有n个顶点的图，无论图中边的数量多少，其邻接矩阵一定是n×n的二维矩阵。

②对于不带权值的无向图，第i行表示顶点i与其他顶点的连接情况，

$\sum_{j=1}^{n}$map[i][j]表示顶点i的度。在不带权值的有向图中，顶点i的出度为$\sum_{j=1}^{n}$map[i][j]，顶点i的入度为$\sum_{j=1}^{n}$map[j][i]，也就是第i列所有元素值的总和。

（2）邻接表。

从上面邻接矩阵存储图的特点来看，它适合于稠密图，不适合稀疏图。因为当图中顶点数量n特别大，而边数量很少时，依然还需要开一个n×n的二维矩阵，这一个n×n的二维矩阵里面存储了很多无用的信息。所以我们得考虑另一种更有效的方法——邻接表。

在邻接表中，对图中每个顶点建立一个单链表，第i个单链表中的节点表示与顶点i相邻的其他顶点。每个单链表上附设一个表头节点，所以邻接表一开始就申请一个大小为n的一维列表，该列表作为n个链表的表头。

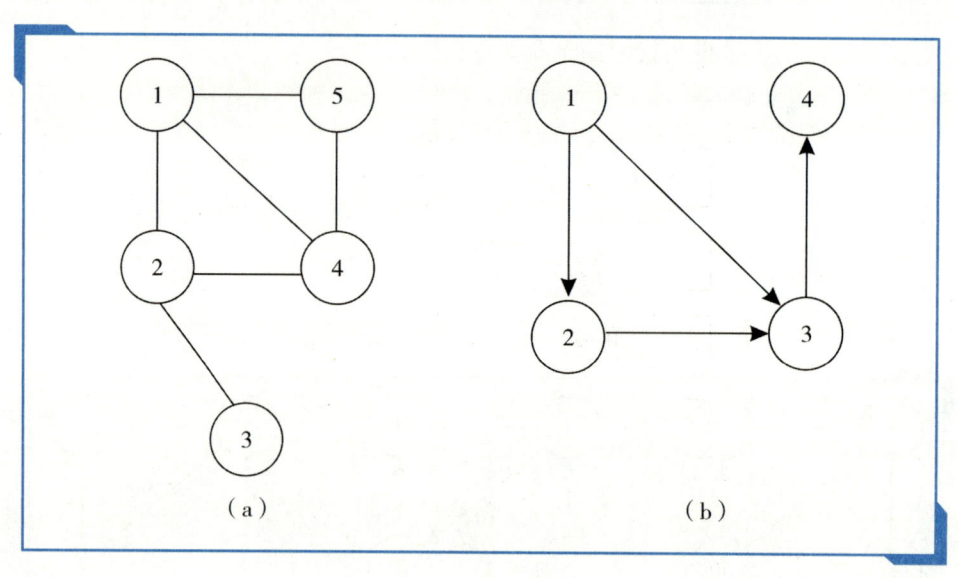

▲ 图4-3

例如图4-3（a），它有5个顶点，所以就有5个链表，顶点1与顶点2、顶点4和顶点5有边相连，所以在第一个链表里面，除了表头之外，还有三个节点，分别指向了顶点2、顶点4和顶点5，该图所对应的邻接表如图4-4。图4-3（b）是一个有向图，有4个顶点，所以就有4条链表，顶点2只有一条边指向其他顶点，所以第二条链表除了表头，只有顶点3节点。而顶点4没有边指向其他顶点，所以该链表除了表头没有其他节点，如图4-5。

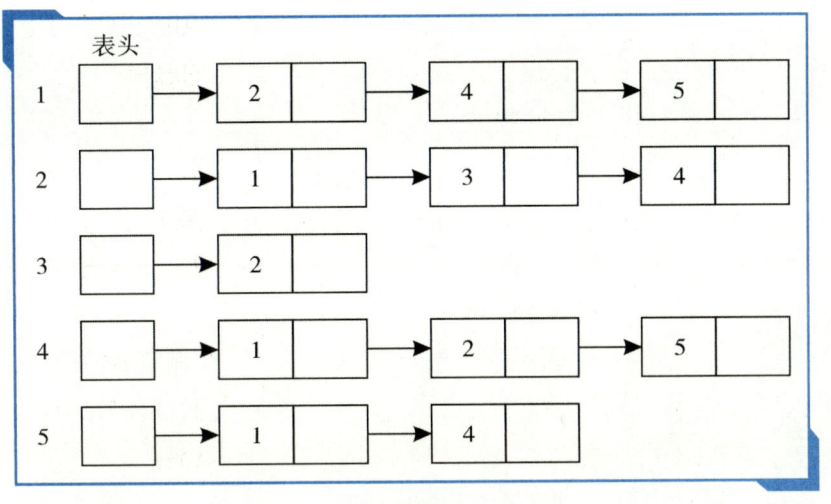

▲ 图4-4

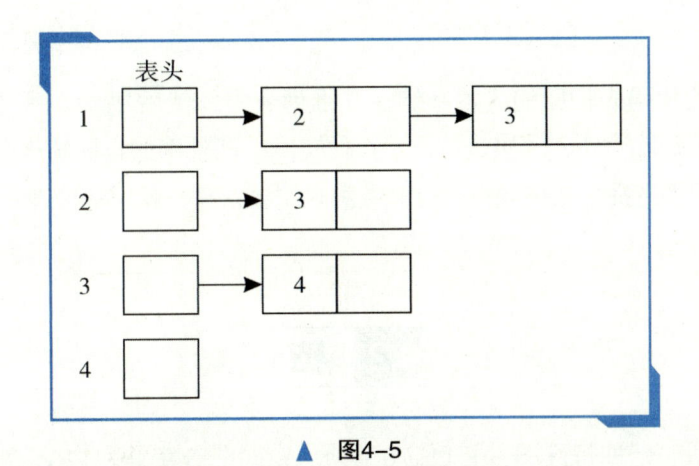

▲ 图4-5

我们为邻接表的每一个节点定义如下的结构体：

```
class node():
    def __init__(self):
        self.data=0
        self.next=None
listnode=[[1,2],[2,1],[1,4],[4,1],[1,5],[5,1],[2,4],[4,2],[2,3],[3,2],[4,5],[5,4]]
head=[node]*6   #这里虽然申请了6个表头，但列表下标为0不用。
for i in range(1,6):
    head[i].val=i  #表示是第i个链表
    head[i].next=None
```

```
ptr=head[i]
print("顶点"+str(i)+"-->",end="")
for j in range(len(listnode)):
    if listnode[j][0]==i:
        newnode=node()
        newnode.data=listnode[j][1]
        newnode.next=None
        ptr.next=newnode
        ptr=newnode
        print("[%d]"%listnode[j][1],end=" ")
print()
```

上面的代码先把图的内容存储在二维列表中，然后建立该图对应的邻接表。与邻接矩阵对比，邻接表节省了存储空间。两种图的存储结构应该视具体问题的情况而选择，如果题目对存储空间限制要求高，就用邻接表。

4.2 树

树是图的一种特殊图，它包含n个顶点，同时一定是包含n-1条边的连通图。该图不存在环，任意两个顶点都可以到达对方，因为跟现实生活的树生长一样，所以该图称之为"树"，只不过是一棵"倒挂"的树，根在上，叶子在下面。如图4-6所示。

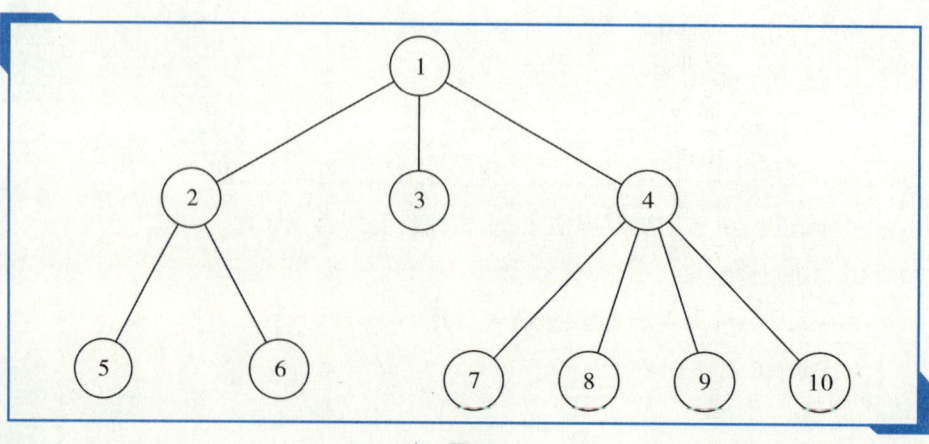

▲ 图4-6

任何树都有一个特定的节点叫作根，如图4-6中顶点1为该树的根，除了根节点，其他节点有且仅有一个直接的前趋节点，树中的所有节点都可以有零个或多个后继节点。

父亲节点：一个节点的前趋节点称为该节点的父亲节点，如图4-6，顶点1是顶点2、顶点3和顶点4的父亲节点，同时顶点2也是顶点5和顶点6的父亲节点。

孩子节点或子节点：一个节点含有的后继节点称为该节点的孩子节点。如图4-6，顶点4的孩子节点有7，8，9和10。

兄弟节点：具有同一个父亲节点的节点互称为兄弟节点。如图4-6，顶点2、顶点3和顶点4称为兄弟节点。

子树：节点a是有根树的一个节点，那么节点a和a的后代导出的子图就称为有根树的子树。具体来说，子树就是树的其中一个节点以及其下面所有的节点所构成的树。如图4-6，顶点2、顶点5和顶点6所构成的树是顶点1的一棵子树。

节点的度：一个节点拥有孩子节点的数量称为该节点的度。如图4-6，顶点1的度为3，顶点3的度为0。

树的度：树中所有节点的度的最大值称为树的度。如图4-6，因为节点4的度为4，所以整个树的度为4。

叶节点：度为0的节点为叶节点，如图4-6，节点3、节点5等都是叶节点。

分支节点：度不为0的节点为分支节点。如图4-6，节点1、节点2和节点4是分支节点。

节点的层次：从根开始定义起，根为第1层，根的子节点为第2层，以此类推。

树的深度：树中节点的最大层次称为树的深度。如图4-6，该树的深度为3。

节点的祖先：从根到该节点所经分支上的所有节点。

子孙：以某节点为根的子树中任一节点都称为该节点的子孙。

森林：由m（m≥0）个互不相交的树组成的集合称为森林。

有序树：树中任意节点的子节点之间有顺序关系，这种树称为有序树。

无序树：树中任意节点的子节点之间没有顺序关系，这种树称为无序树，也称为"自由树"。

4.3 二叉树

在众多的树形结构中,二叉树是一种十分特殊且重要的树。在处理树的问题上,很多都可以转化为二叉树来解决。这一节我们将来学习二叉树。

4.3.1 二叉树的基本概念与性质

(1)简单地理解,满足以下两个条件的树就是二叉树:
①本身就是一棵有序树,左子树与右子树有顺序关系,不可以对调位置。
②树中包含的各个节点的度不能超过2。

可以看到二叉树节点如果有孩子的话,最多只有左孩子和右孩子,没有第三个孩子。如图4-7所示,(a)就是一棵二叉树,而(b)不是一棵二叉树。

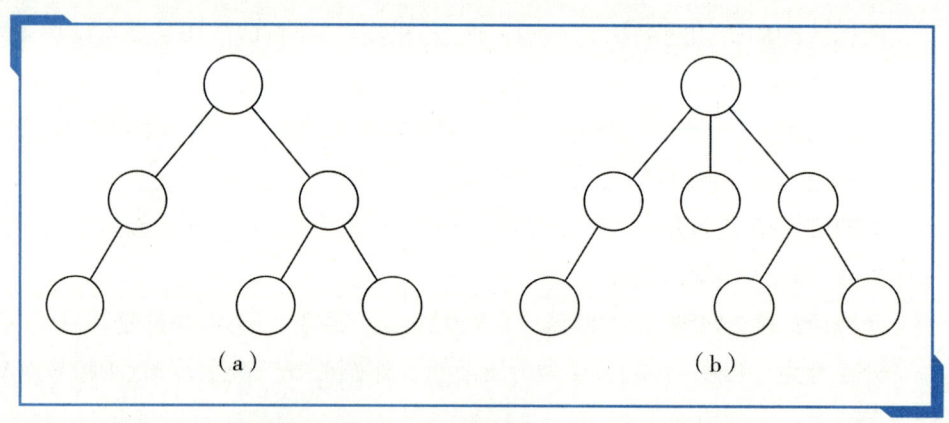

▲ 图4-7

满二叉树:在一棵二叉树中,所有的叶子节点只能在最大层出现,而且分支节点的度都为2,则称此二叉树为满二叉树。如图4-7(a),该树不是满二叉树,如图4-8(b)也不是满二叉树,只有图4-8(a)才是满二叉树。

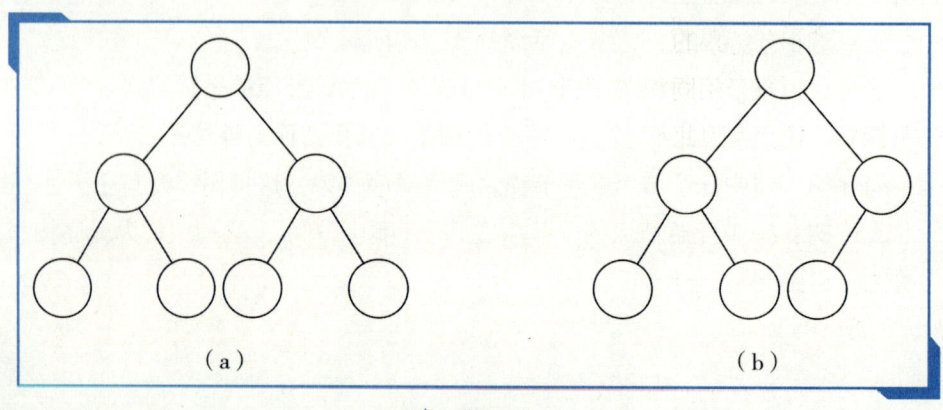

▲ 图4-8

完全二叉树：在一棵二叉树中，叶子节点只存在于最后两层，除最后一层外，其他层节点都是满的，同时最后一层的叶子节点连续集中靠左边，则称此二叉树为完全二叉树。如图4-7（a）、图4-9（a）和（b）都不是完全二叉树。图4-8（a）和（b）两个图都是完全二叉树。可以得出满二叉树包含了完全二叉树。

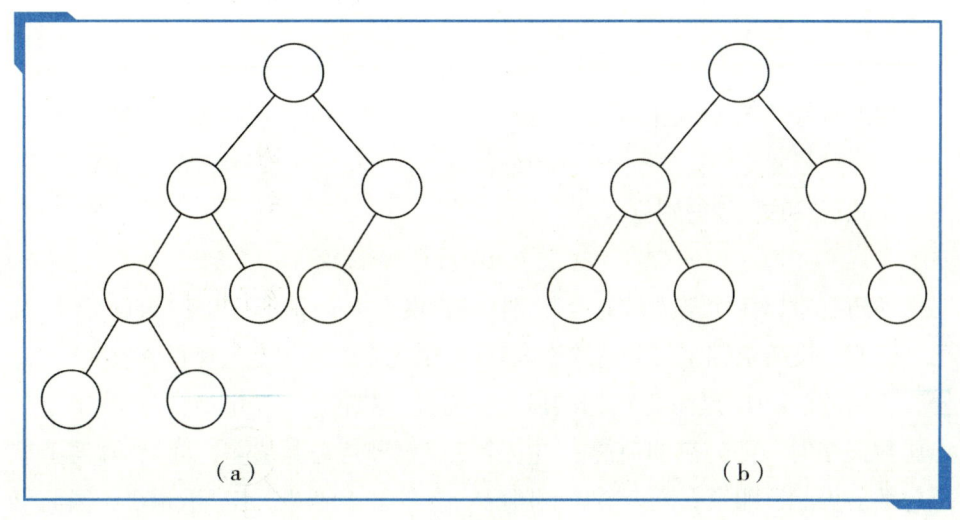

▲ 图4-9

（2）二叉树的性质。

性质1：二叉树第i层上的节点数目最多为2^{i-1}（i≥1）。

证明：用数学归纳法证明。

归纳基础：i=1时，有$2^{i-1}=2^0=1$。因为第1层上只有一个根节点，所以命题成立。

归纳假设：假设对所有的j（1≤j<i）命题成立，即第j层上至多有2^{j-1}个节点，证明j=i时命题亦成立。

归纳步骤：根据归纳假设，第i-1层上至多有2^{i-2}个节点。由于二叉树的每个节点至多有两个孩子，故第i层上的节点数至多是第i-1层上的最大节点数的2倍。即j=i时，该层上至多有$2 \times 2^{i-2}=2^{i-1}$个节点，故命题成立。

性质2：深度为k的二叉树至多有2^k-1个节点（k≥1）。

证明：在具有相同深度的二叉树中，仅当每一层都含有最大节点数时，其树中节点数最多。因此利用性质1可得，深度为k的二叉树的节点数至多为：

$$2^0+2^1+\cdots+2^{k-1}=2^k-1$$

故命题正确。

性质3：在任意一棵二叉树中，若叶子节点的个数为n_0，度为2的节点数为n_2，则$n_0=n_2+1$。

证明：因为二叉树中所有节点的度数均不大于2，所以节点总数（记为n）应等于0度节点数、1度节点（记为n_1）和2度节点数之和：

$$n=n_0+n_1+n_2 \qquad \text{（式子1）}$$

另一方面，1度节点有一个孩子，2度节点有两个孩子，故二叉树中孩子节点总数是：

$$n_1+2 \times n_2$$

树中只有根节点不是任何节点的孩子，故二叉树中的节点总数又可表示为：

$$n=n_1+2 \times n_2+1 \qquad \text{（式子2）}$$

由式子1和式子2得到：

$$n_0=n_2+1$$

性质4：具有n个节点的完全二叉树的深度为$\lfloor \log_2 n \rfloor +1$或$\lceil \log_2(n+1) \rceil$

证明：设所求完全二叉树的深度为k，由完全二叉树定义可得深度为k的完全二叉树的前k-1层是深度为k-1的满二叉树，一共有$2^{k-1}-1$个节点。故第k层上节点总数最多时，即为满的情况，该完全二叉树节点总数最多；而当第k层上节点总数最少时，即只有一个节点的情况，该完全二叉树节点总数最少；因此可以得到如下的不等式：

$$2^{k-1}-1 < n \leq 2^k-1 \qquad \text{（式子1）}$$

$$\text{或} \; 2^{k-1} \leq n < 2^k \qquad \text{（式子2）}$$

对式子1变换：$2^{k-1} < n+1 \leq 2^k$

两边取对数后得：$k-1 < \log_2(n+1) \leq k$

即：$\log_2(n+1) \leq k < \log_2(n+1)+1$

因为深度k只能为整数，所以有k=$\lceil \log_2(n+1) \rceil$

对式子2两边取对数后得：$k-1 \leq \log_2 n < k$

即$\log_2 n < k \leq \log_2 n+1$

因为深度k只能为整数，所以有k=$\lfloor \log_2 n \rfloor +1$

性质5：若对含n个节点的完全二叉树从上到下且从左至右进行1至n的编号，则对完全二叉树中任意一个编号为i的节点，如图4-10所示。

①若i=1，则该节点是二叉树的根，无父亲节点，否则，编号为$\lfloor i/2 \rfloor$的节点为其父亲节点；

②若2i>n，则该节点无左孩子，否则，编号为2i的节点为其左孩子节点；

③若2i+1>n，则该节点无右孩子节点，否则，编号为2i+1的节点为其右孩子节点。

▲ 图4-10

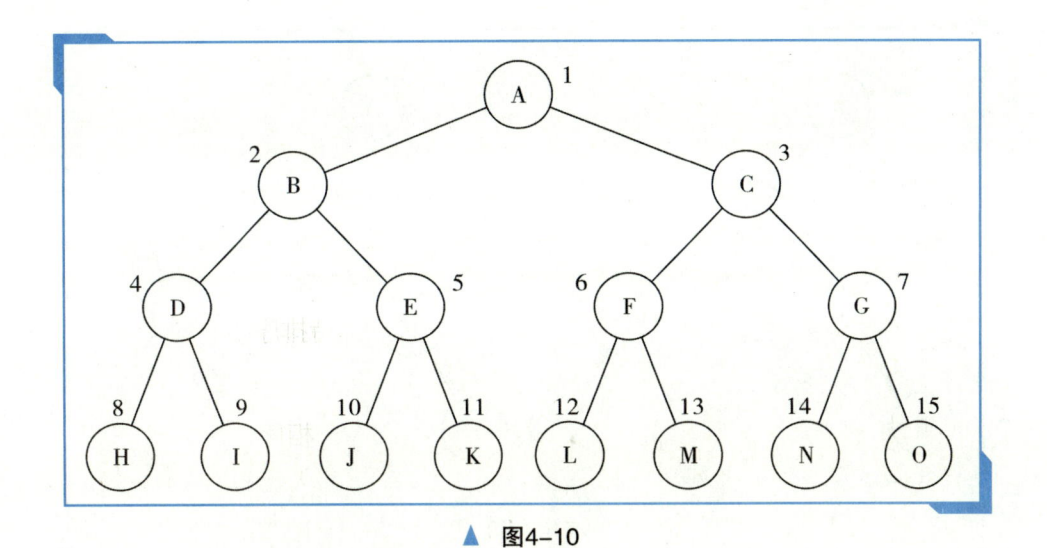

4.3.2 二叉树的存储结构

（1）顺序存储结构。

二叉树的顺序存储结构是用一个一维的列表来存储二叉树节点的值，而为了反映二叉树节点之间的逻辑关系，即父子关系，则是通过列表的下标来反映。因为根据上一小节"性质5"，我们可知，编号为i的节点，它的左孩子编号为$2 \times i$，右孩子编号为$2 \times i+1$。如图4-10的满二叉树，我们可以通过如下的一维列表来反映该树的存储情况。

0	1	2	3	4	5	6	7	8	9	10	11	12	13	14	15
	A	B	C	D	E	F	G	H	I	J	K	L	M	N	O

列表的下标是从0开始的，所以为了我们操作方便，我们列表第0个位置空放着。通过这样存储，我们把非线性的二叉树转化为线性的列表来操作。图4-10是一棵满二叉树，那么对于一棵普通的二叉树，该如何通过一维列表实现。我们可以把这棵普通二叉树虚设一些不存在的空节点，改造成一棵完全二叉树。如图4-11（a）所示，该二叉树只有五个节点A，B，C，D和E，但通过虚设一些节点，把它变成了图4-11（b）的完全二叉树。

0	1	2	3	4	5	6	7	8	9	10
	A	B	C		D					E

73

▲ 图4-11

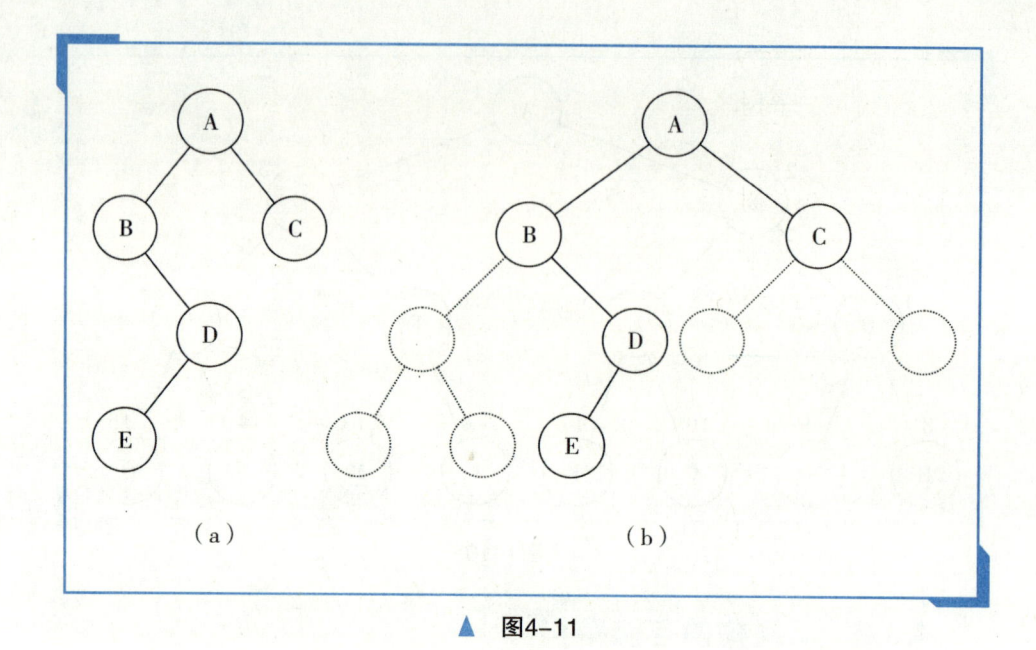

从上面可以看到，采取这样的顺序结构来存储二叉树，会造成浪费存储空间，特别是二叉树退化成为一条链的时候，即只有右子树的二叉树或只有左子树的二叉树，这种情况浪费存储空间特别明显。

（2）链式存储结构。

因为二叉树中每个节点最多只有两个子节点，所以我们可以为每个节点声明两个指针域来指向子节点，通过链表的方式来建立二叉树。如图4-12所示，图（b）中叶子节点D，E和F的指针域为^，代表不指向任何内存内容，相当于Python语言赋值为None。

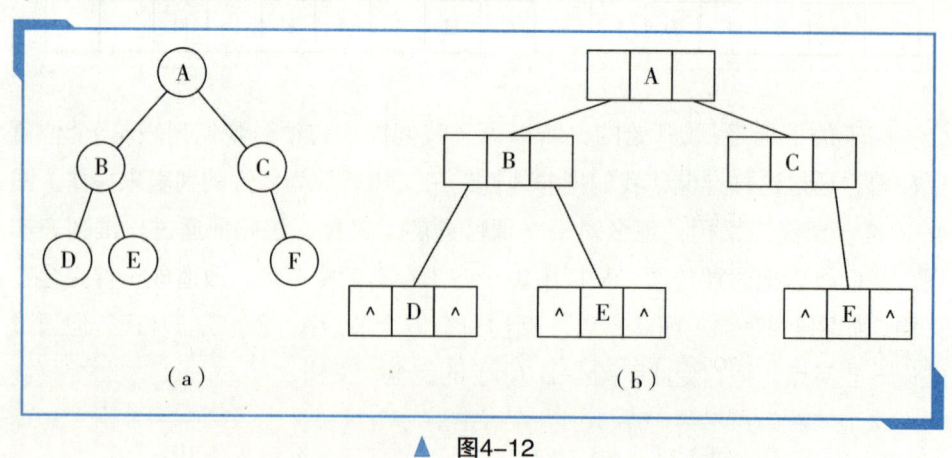

▲ 图4-12

接下来我们用二叉树的链式存储结构来建立一棵二叉排序树，所谓的二叉排序树（BST，Binary Sort Tree），指的是具有如下特点的树：

①若它的左子树不空，则左子树上所有节点的值均小于它的父亲节点的值；

②若它的右子树不空，则右子树上所有节点的值均大于它的父亲节点的值；

③它的左、右子树也分别为排序二叉树。

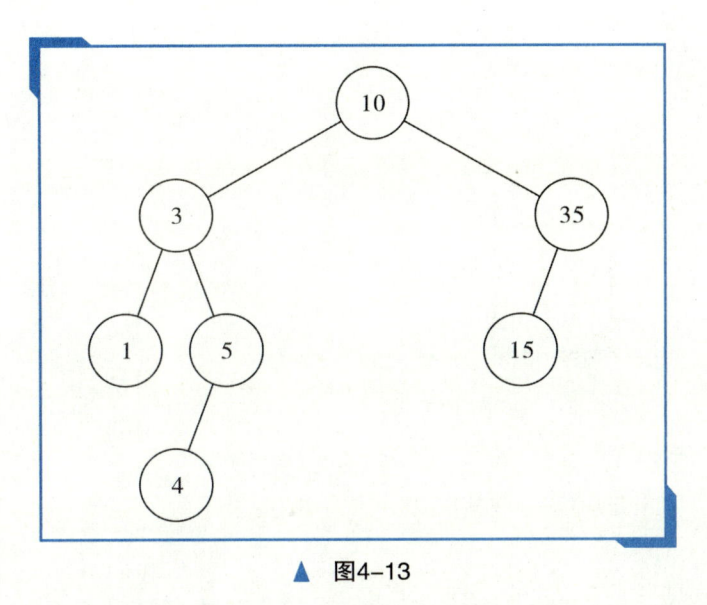

▲ 图4-13

图4-13就是一棵二叉排序树，相关的程序代码如下：

```
class node():
    def __init__(self):
        self.data=0
        self.left=None    #指向左孩子
        self.right=None   #指向右孩子
def createtree(data):    #构建一棵排序二叉树
    global root
    newnode=node()    #建立新节点
    newnode.data=data
    newnode.left=None
    newnode.right=None
```

```
    if root==None:    #如果创建排序二叉树的第一个节
                      点，root要保存根节点
        root=newnode
        return
    else:    #查找合适的位置插入
        ptr=root
        while ptr!=None:
            qtr=ptr
            if ptr.data>data:   #走左子树
                ptr=ptr.left
            else:
                ptr=ptr.right   #走右子树
        if qtr.data>data:    #插入新节点
            qtr.left=newnode
        else:
            qtr.right=newnode
def query(s,d):
    #s是某一个节点的值，d表示查询是左孩子或者是右孩子
    ptr=root
    while ptr.data!=s:
        if ptr.data>s:
            ptr=ptr.left
        else:
            ptr=ptr.right
    if d==1:
        if ptr.left==None:
            print("没有左孩子")
        else:
            print("左孩子为:%d"%ptr.left.data)
    else:
```

```
                if ptr.right==None:
                        print("没有右孩子")
                else:
                        print("右孩子为:%d"%ptr.right.data)
num=[10,3,35,1,5,15,4]
root=None
for i in range(7):
        createtree(num[i])
s=int(input("请输入10,3,35,1,5,15,4这七个数字之一"))
print("如果你是想查询"+str(s)+"的左孩子，请输入1，右孩子，请输入2")
d=int(input())
query(s,d)
```

4.4 树的遍历

在研究树结构的具体问题中，常常需要了解树中各节点的具体情况。树作为一种非线性结构，它不像列表一样用一次循环就可以访问全部内容。我们得寻找一种方法，定好某种策略来依次访问树中所有节点，并且每个节点只访问一次，我们把这个过程称为树的遍历。树的遍历其实是把树上各个节点转换为一个线性序列来处理，它是树上各种操作的基础。

本节我们对二叉树进行遍历。通过前面的学习，我们知道，非空的二叉树由三部分组成：父亲节点、左孩子子树和右孩子子树。所以我们可以按照某种次序来访问以下3种操作：访问父亲节点（D），访问左孩子子树（L）和访问右孩子子树（R）。这3种操作可以形成如下6种顺序：

DLR，LDR，LRD，RDL，DRL，RLD

如果我们规定先访问左子树，再访问右子树的话，那么就剩下上面前3种情况。所以二叉树的遍历方法有如下三种：

（1）前序遍历（DLR）：先访问父亲节点，再访问左子树，最后访问右子树。

（2）中序遍历（LDR）：先访问左子树，再访问父亲节点，最后访问右子树。

（3）后序遍历（LRD）：先访问左子树，再访问右子树，最后访问父亲节点。

这三种遍历方法都各有两种形式实现：用递归算法和非递归算法。递归算法的代码简练，但需要大家先学习完本书第8章递归算法才能理解。非递归算法我们通过栈来实现，我们可以把栈的各种操作封装在一个stack类中，然后申请stack类的对象，通过对象完成栈的各种操作。下面我们以图4-13建立好的二叉排序树进行遍历，这里只展示树遍历的核心代码，详细的代码大家可以查阅本书附带的程序。

（1）前序遍历。

二叉树每一个节点的结构都是一样的，所以对于一棵非空的二叉树，我们进行前序遍历可以进行如下操作：

① 访问父亲节点，输出它的值；

② 该节点有左子树，访问它的左子树；

③ 该节点有右子树，访问它的右子树。

注意每次操作之前要判断当前节点是否非空，通过前序遍历，图4-13的排序二叉树的序列为：10，3，1，5，4，35，15。

其递归算法核心代码如下：

```
def preorder(parent):
    if parent!=None:
        print(parent.data,end=", ")
        preorder(parent.left)
        preorder(parent.right)
```

可以看到，如果你理解递归思想，那么访问树中各个节点的代码是非常简练的，我们在主程序只要把根节点传给该函数就可以了preorder(root)。

二叉树前序遍历的非递归算法，我们利用"栈"这个数据结构来存储中间运算结果。注意栈的特点是"后进先出"，前序遍历的顺序是先输出父亲节点，再输出左孩子子树，最后输出右孩子子树，所以父亲节点、左孩子和右孩子三者谁先进栈，大家一定要厘清它们的关系。前序遍历的非递归过程如下：

①把二叉树的根节点进栈。
②若栈非空，栈顶元素出栈，同时输出它的值。
③该节点有右子树，则将右子树的根节点进栈。
④该节点有左子树，则将左子树的根节点进栈。
⑤重复执行②③④，直到栈为空。

其对应的相关算法代码如下：

```
s=stack()
s.push(root)
while s.isempty()!=True:
    ptr=s.pop()
    print(ptr.data)
    if ptr.right!=None:
        s.push(ptr.right)
    if ptr.left!=None:
        s.push(ptr.left)
```

非递归算法的代码阅读起来可能没有递归算法那么容易看得清楚，作为初学者，不妨手动模拟一下，也许能让你更加透彻地理解非递归算法。

（2）中序遍历。

中序遍历的递归算法如下：

①当前节点有左子树，先访问左子树。
②访问当前节点，输出它的值。
③当前节点有右子树，最后访问右子树。

我们对图4-13的二叉排序树进行中序遍历，其结果序列为：1，3，4，5，10，15，35。

相关递归算法代码如下：

```
def inorder(parent):
    if parent!=None:
        inorder(parent.left)
        print(parent.data,end=",")
```

> inorder(parent.right)

中序遍历的非递归算法描述如下：

①将二叉树的根节点作为当前节点。

②若当前节点非空，则将该节点进栈，并将其左孩子节点作为当前节点，重复步骤②，直达当前节点为空。

③若栈非空，则将栈顶元素弹出，并输出它的值，再将当前节点的右孩子作为当前节点。

④重复步骤②③，直到栈为空且当前节点为空节点。

中序遍历的非递归算法比较难理解，希望大家好好体会其思想，其相关算法代码如下：

```
s=stack()
ptr=root
while s.isempty()!=True or ptr!=None:
    while ptr!=None:
        s.push(ptr)
        ptr=ptr.left
    if s.isempty()!=True:
        ptr=s.pop()
        print(ptr.data)
        ptr=ptr.right
```

（3）后序遍历。

后序遍历的递归算法如下：

① 当前节点有左子树，先访问左子树。

② 当前节点有右子树，接着访问右子树。

③ 最后访问当前节点，输出它的值。

我们对图4-13的排序二叉树进行后序遍历，其结果序列为：1，4，5，3，15，35，10。

相关递归算法代码如下：

```
def postorder(parent):
    if parent!=None:
        postorder(parent.left)
        postorder(parent.right)
        print(parent.data,end=", ")
```

后序遍历的非递归算法中，对每一个节点访问之前，要访问两次这个节点。第一次是访问它的左子树，待它的左子树访问完毕之后，接着要回到这个节点，访问它的右子树，待它的右子树访问完毕之后，最后又回到这个节点上，输出它的值。所以我们看到每一个节点会进栈两次，出栈两次。为了区别每一节点到底是哪一次进栈，我们需要再多一个标记的栈s2。如果我们压入0到s2中，表示当前节点是第一次进栈；如果我们压入1到s2中，表示当前节点是第二次进栈，在接下来的第二次出栈时候就可以输出它的值了。

后序遍历的非递归算法代码如下：

```
s=stack()
s2=stack()
ptr=root
while s.isempty()!=True or ptr!=None:
    while ptr!=None:
        s.push(ptr)
        s2.push(0)
        ptr=ptr.left
    if s.isempty()!=True:
        ptr=s.pop()
        flag=s2.pop()
        if flag==1:
            print(ptr.data)
            ptr=None
        else:
            s.push(ptr)
```

```
s2.push(1)
ptr=ptr.right
```

4.5 本章小结

本章我们学习了图、树、二叉树和树的遍历,其中图和树的基本概念较多。树的遍历有先序遍历、中序遍历和后序遍历,它们的递归算法代码非常简练,建议大家先学习第8章的递归算法再来学习,这将有助于你理解第9章深度搜索算法。关于树的遍历,还有一种叫作层次遍历,我们将在第10章广度搜索学习到。

第5章 排序

简单地说，排序就是将一组杂乱无章的数据按一定的规律排列起来（递增或递减），它是一种非常实用的算法。在日常生活中，排序算法无处不在。例如网上购物，我们可以按照商品的销售量由高到低进行排序，从而对商品进行选择；学期末老师对班里同学的成绩进行排序，从而得到每一个同学的排名；体育课上我们可以按照身高从高到矮进行列队。排序算法包括了选择排序、插入排序、冒泡排序、基数排序、快速排序和归并排序等，下面我们将按照数据的数值从小到大排序为例，深入学习各种排序算法的基本原理。

5.1 排序的稳定性

在学习各种排序算法之前，我们先来了解排序的稳定性。排序算法的稳定性指的是对杂乱无章的数据进行排序后，相同大小的数值在排序前后相对次序是否保持不变。如果它们在排序前后相对次序不变，那么该排序算法是稳定的，否则就是不稳定的。

待排序	3	2	2
方法一	2	2	3
方法二	2	2	3

图5-1

例如对于一组数据"3，2，2"，在排序前，我们可以看到第二个数据和第三个数据在数值上是相等的，为了区分它们，我们在格式上给第二个数加下划线，给第三个数加斜体，以区分两个不同的2。现在有两个排序算法，对上面这一组数据都进行排序，如图5-1所示。方法一是将第一个数和第三个数交换，得到"2 *2* 3"，可以发现斜体2排在了下划线2的前面，导致改变了它们排序前后的相对次序，所以方法一的排序算法就是不稳定的；而方法二则是将第一个数放在所有数据最后，保持了相同大小的两个2排序前后相对次序不变，所以方法二是稳定的排序方法。

5.2 选择排序

选择排序是一种简单直观的排序算法，英文名是Selection Sort。从小到大排序的排序过程是：第1次从待排序的数据元素中选出最小的一个元素，存放在序列的起始位置，然后再不断从剩余的未排序元素中寻找到最小元素，放到已排序元素序列的末尾，直到全部待排序的数据元素的个数变为零。

简单来说，就是一次确定第1小，第2小，第3小，……，直到最后一个数据。假设需要排序的数据有n个，如n=5，数据组是"3，8，4，1，9"，并已存储在列表的第1项至第n项，那么我们需要进行n-1次操作。

待排序	3	4	9	1	8

图5-2

第1次操作：将最小的数据（第1小）放到列表的第1项。具体分2步，首先是在列表的第1项到第n项寻找出最小值，然后跟第1项进行交换。其结果如图5-3所示，数字加粗表示该位置已经排序好的。

第1次	1	4	9	3	8

图5-3

第2次操作：将第2小的数据放到列表的第2项。第2小在哪里？就是要从待排序中寻找最小值。待排序的范围此时为第2项到第n项之间，注意不包括第1项，因为第1项已经是最小的了，所以首先是在列表的第2项到第n项寻找出最小值，然后跟第2项进行交换。如图5-4所示，列表的第1项和第2项已经是排好序的。

第2次	1	3	9	4	8

图5-4

第3次操作：将第3小的数据放到列表的第3项。第3小同样需要在待排序区域中寻找最小值。通过前面2次操作，我们已经确定了列表的第1项和第2项，此时待排序区域为第3项和第n项之间。所以首先是在列表的第3项到第n项寻找出最小值，然后跟第3项进行交换。如图5-5所示。

| 第3次 | 1 | 3 | 4 | 9 | 8 |

图5-5

第4次操作：将第4小的数据放在列表的第4项。此时待排序区域只剩下最后两个位置了。我们从第4项和第5项中寻找最小值，然后跟第4项进行交换，如图5-6所示。当完成这一步骤时，我们发现最后一个数据也是排好序的，所以当有n个数据排序时，我们只需n-1次操作。

| 第4次 | 1 | 3 | 4 | 8 | 9 |

图5-6

可以看到选择排序对n个数据进行排序时，需要进行n-1次操作。第i次操作是在列表的第i项到第n项寻找出最小值，将第i小的数据与列表第i项进行交换。Python的相关代码如下，其输出结果为"[2, 2, 3, 4, 5, 8, 9]"。

```
#列表的第0项值为-1，不参与排序
a = [-1, 5, 3, 2, 8, 2, 9, 4]
n =len(a[1:])   #对第1项到第n项目进行排序
for i in range(1, n):   #循环n-1次
    k = i
    for j in range(i, n+1):   #第i次操作在i到n中找最小值
        if a[j] < a[k]:
            k = j   #记下最小值的位置
    t=a[k]
    a[k]=a[i]
    a[i]=t
print(a[1:])   #输出看效果
```

选择排序是排序算法中最容易编写的算法之一，但其中却包含了查找算法的思想，需要我们熟练掌握。

算法分析：该算法时间复杂度是$O(n^2)$，是不稳定的排序算法。如对于数据组"2，2，1"进行排序，按上述选择排序算法进行排序，必然是第1个数2跟第3个数1进行交换，导致原来排在第1个位置的2排到了第2个位置的2的后面，使得两个相同大小的数据2，排序前后相对次序发生了变化。

5.3 冒泡排序

冒泡排序，也是计算机科学领域中比较简单的排序算法，英文名是Bubble Sort。我们都知道，从小到大排好序的数据是不存在逆序对——下标小的数据比下标大的数据大，如序列"3，1，2"中，3和1就是一个逆序对，3和2也是一个逆序对。冒泡排序就是通过不断地遍历列表，将相邻逆序的两个数进行交换，直到不存在逆序对为止。这样数值大的数据慢慢地被交换到后面，就像气泡一样冒出来，这就是"冒泡排序"名字的由来。

对于n个数据进行冒泡排序，跟选择排序一样，需要进行n-1次操作。

第1次冒泡：从第1项到第n项遍历列表，发现相邻逆序（左边大右边小）则交换，这样最大的数据一定会冒到第n位。为什么？因为最大的数据总比右边的数据大，就会一直交换到右边，直到交换到第n位。如初始序列是"5，8，9，2，1"，第一次冒泡排序过程如下图5-7。

5和8比较	5	8	9	2	1
8和9比较	5	8	9	2	1
9和2比较	5	8	2	9	1
9和1比较	5	8	2	1	9

图5-7

第2次冒泡：从第1项到第n-1项遍历列表，发现相邻逆序（左边大右边小）则交换，这样第2大的数据一定会冒到第n-1位。为什么？因为第2大的数据总比右边的大（除了第n个以外），就会一直交换到右边，直到交换到第n-1位，注意此时第n位是已经排好序的，不需要再参与比较。其排序过程如图5-8所示。

5和8比较	5	8	2	1	9
8和2比较	5	2	8	1	9
8和1比较	2	5	1	8	9

图5-8

第3次冒泡：从第1项到第n-2项遍历列表，同样发现相邻逆序（左边大右边小）则交换。其排序过程如图5-9所示。

2和5比较	2	5	1	8	9
5和1比较	2	1	5	8	9

图5-9

第4次冒泡：未排序只剩下第1项和第2项，比较它们的值，如果是逆序则交换它们的值。

2和1比较	1	2	5	8	9

图5-10

通过上面我们可以得出冒泡排序有如下特点：对于待排序的n个数据，需要进行n-1次操作。对于第i次冒泡，就是从第1项到第n-(i-1)项遍历列表，如果出现相邻两个数据，左边大于右边，则交换它们的值，最终，第i次冒泡会把第i大的数据放在第n-(i-1)位，其Python的相关代码如下所示：

```
#列表的第0项值为-1，不参与排序
a=[-1, 5, 3, 2, 8, 2, 9, 4]
n=len(a[1:])   #对第1项到第n项进行排序
for i in range(1, n):   #冒泡n-1次，循环n-1次
    for j in range(1, n-i+1):   #从第1项到第n-(i-1)项遍历冒泡
        if a[j+1] < a[j]:   #相邻逆序
            t=a[j]   #交换
            a[j]=a[j+1]
            a[j+1]=t
print(a[1:])   #输出看效果
```

程序中循环变量j的范围也可以写成1到n-1，因为n-(i-1)后面都是已经确定好的，循环到后面不可能出现交换。

算法分析：该算法时间复杂度是$O(n^2)$，是稳定的排序算法，因为只有发现左边的数比右边的数大，才会进行交换，相等时不交换就不会改变它们排序前后相对次序。其中，交换次数，就是这n个数据的逆序对数量，因为每次交换的两个数，都是一个逆序对。

5.4 插入排序

插入排序把数据分为两部分，前面部分是已排好顺序的数据，后面部分是待排序的数据。其算法思想是：每步将一个待排序的数据，按其数值大小，插入前面已经排好序的一组数据适当位置上，使数据依然有序，直到所有待排序数据全部插入完成。

对于给出的n个待排序数据，我们把它们存放在列表第1项到第n项上。一开始列表的第1项就是已经排好顺序的数据，而第2项到第n项是待排序的数据。如给出数据组"49，38，65，97，76，13，27，49"这8个数据，其直接插入排序过程如下：

[49] 38 65 97 76 13 27 49
[38 49] 65 97 76 13 27 49
[38 49 65] 97 76 13 27 49
[38 49 65 97] 76 13 27 49
[38 49 65 76 97] 13 27 49
[13 38 49 65 76 97] 27 49
[13 27 38 49 65 76 97] 49
[13 27 38 49 49 65 76 97]

中括号表示里面的数据是已排好顺序的数据。刚开始，已排序的数据只有第1项，它放在第1位，我们无须对它进行任何操作。而待排序的数据是从第2项到第n项，我们需要进行n-1次插入操作。

第1次插入：将第2个位置的数据与第1个位置的数据相比较，如果第2个位置的数据比第1个位置的数据大，那么保持位置不变，插入完毕。如果第2个位置数据比第1个位置的数据小，那么第1个位置的数据就应该后移一位，放在第2位，而把原来第2个位置的数据插入到第1位。

第2次插入：将第3个位置的数据与前面排好顺序的数据进行比较，寻找合适的位置插入。如果第3个位置的数据比第2个位置的数据大，那么保持位置不变，插入完毕。如果第3个位置的数据比第2个位置的数据小，那么第2个位置的数据就要后移一位，放在第3个位置上，空出第2个位置，接着继续与第1个数据进行比较，如果第1个数据比原来第3个位置的数据小，那么此时就把原来第

3个位置的数据插入第2个位置上，插入完毕；否则，就把第1个位置的数据后移一位，放在第2个位置上，再把原来第3个位置的数值插入第1个位置上。

第3次插入：将第4个位置的数据与前面排好顺序的数据进行比较，寻找合适位置插入。如果比第3个位置的数据大，那么保持位置不变，插入完毕。如果比第3个位置的数据小，那么第3个位置后移一位，放在第4个位置上，空出第3个位置，接着原来第4个位置的数据继续与第2个位置的数据进行比较，如果比第2个位置的数据大，那么就把原来第4个位置的数据插入第3个位置上，插入完毕；否则把第2个位置的数据后移一位，放在第3个位置上，空出第2个位置，最后与第1个位置的数据进行比较，如果第1个位置的数据比原来第4个位置的数据小，那么就把原来第4个位置的数据插入第2个位置上，否则把第1个位置上的数据后移一位，放在第2个位置上，再把原来第4个位置的数据插入第1个位置上。

……

第i次插入：从待排序中取出第i+1个位置的数据，与前面第i个位置、第i-1个位置、第i-2个位置……一直到与第1个位置的数据进行比较，如果发现原来第i+1个位置的数据比第j（1≤j≤i）个位置数据大，那么就把原来的第i+1个位置的数据插入第j+1个位置，插入完毕；否则，就把第j个位置的数据后移一位，放在第j+1个位置上，空出第j个位置，然后原来的第i+1个位置的数据继续与前面的数据进行比较。其Python的相关代码如下：

```
#列表的第0项值为-1，不参与排序
a=[-1, 5, 3, 2, 8, 2, 9, 4]
n=len(a[1:])   #对第1项到第n项进行排序
for i in range(2, n+1):  #第2个到第n个都要插入
    k=a[i]   #要插入的数字是k
    j=i-1   #前面数字的编号是j
    while j >=1 and a[j]>k:  #前面有数字且更大
        a[j+1]=a[j]   #往后移动
        j=j-1   #继续往前扫描
    a[j+1]=k   #放入空位，若无更小，j是0也是插入位置1
print(a[1:])   #输出看效果
```

算法分析：该算法时间复杂度是$O(n^2)$，是稳定的排序算法，因为只有发现

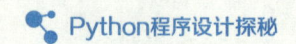

左边的数据大，才会进行移动，左右相等时不需要移动，也就不会改变它们排序前后相对次序。

5.5 桶排序

桶排序是一种基于计数的排序算法，工作原理是将数据分到有限数量的桶子里。例如，我们有很多很多球，球上面各写着1到9的数字，现在需要让球按照数字从小到大来排序。我们可以这样做：首先准备9个桶，编号1到9；然后将写着"1"的球全部放进1号桶，将写着"2"的球全部放进2号桶，将写着"3"的球全部放进3号桶，……，将写着"9"的球全部放进9号桶；最后从第1个桶开始，将球依次拿出来，拿完第1个桶的球之后，再拿第2个桶的球、第3个桶的球……这样所有球就排好序了，这就是桶排序的过程和原理。

使用桶排序，需要注意待排序数值的范围，也就是我们到底需要多少个"桶"。如果待排序的数据的数值范围是1到9之间，那么只需要9个桶；如果待排序数值范围是1到10^9之间，那就需要10^9个桶。如果待排序的数据数量不多，而且最大值与最小值相差很大，利用桶排序进行排序的话，会导致安排的桶太多，占用的内存浪费。桶排序适用于待排序数据最小值与最大值相差不大，同时存在着很多数据相同的情况。

使用桶排序，有3个关键步骤。首先是安排需要多少个桶，接着将数字放入桶里面要统计次数，最后从小到大输出每个桶里面的内容。其Python的相关代码如下：

```
#列表的第0项值为-1，不参与排序
a = [-1, 5, 3, 2, 8, 2, 99, 4, 34, 12, 5, 5, 10, 8, 12]
c = [0]*101    #假设数据范围是1到100
n =len(a[1:])  #对第1项到第n项进行排序
for i in range(1, n+1):
    c[a[i]] = c[a[i]] +1    #统计每个数字出现的次数
for i in range(1, 101):    #从小到大输出
    for j in range(0, c[i]):    #有多少个输出多少次
        print(i, end=" ")
```

算法分析：如果待排序数据有n个，数据范围为1到m，那么需要花费O(m)时间统计每个数字出现的次数。虽然输出的时候是两重循环，但是输出语句一共才执行n次，所以输出答案花费O(n)时间。该算法总的时间复杂度是O(m+n)。

5.6 排序算法的具体应用

例题1：国家名排名。给定10个国家名，按其字母的顺序输出。

输入要求：输入10个国家名，一行一个。

输出要求：按照字母大小关系输出10个国家名，一行一个。

样例输入：

```
France
Germany
Japan
America
Canada
India
Britain
Australia
Italy
Spain
```

样例输出：

```
America
Australia
Britain
Canada
France
Germany
```

```
India
Italy
Japan
Spain
```

思路分析：排序算法不仅可以对数值进行排序，也可以对字符或字符串进行排序。字符串比较是指按照字典次序对字符串进行比较大小的操作，一般都是以ASCII码值的大小作为字符比较的标准。比较的时候，从字符串左边开始，依次比较每个字符，直到出现差异或者其中一个串结束为止。比如字符串"ABC"与字符串"ACDE"比较，第一个字符相同，继续比较第二个字符，由于第二个字符字母C的ASCII码比字符字母B大，所以不再继续比较，结果就是"ACDE"大于"ABC"。根据题意，我们可以把10个国家名存放在列表中，然后对其进行比较排序，本题用到的排序算法是冒泡排序，其Python代码如下：

```
countrynames=[None]*11
for i in range(1,11):
    countrynames[i]=input()
for i in range(1,10):
    for j in range(1,10-i+1):
        if countrynames[j+1]<countrynames[j]:
            s=countrynames[j+1]
            countrynames[j+1]=countrynames[j]
            countrynames[j]=s
for i in range(1,11):
    print(countrynames[i])
```

例题2：学生排名。输入N个学生信息（每个学生信息包括学号、姓名、年龄、成绩），要求按成绩由高到低的次序排序，输出排序后全部学生的信息。

输入要求：第一行，输入N（0≤N≤100）；第2-N+1行，每行一条学生信息。

输出要求：输出排序后全部学生的信息，每行一条学生信息。

样例输入:

```
4
1 Xiaoming 15 88
2 Xiaodong 14 98
3 Liming 15 78
4 Lidong 14 87
```

样例输出:

```
2 Xiaodong 14 98
1 Xiaoming 15 88
4 Lidong 14 87
3 Liming 15 78
```

思路分析：如果仅仅是对数值进行排序，那么就很简单。但是本题每一个学生的信息包括了学号、姓名、年龄和成绩，要以成绩作为关键字比较大小进行排序，其中学号、姓名和年龄要跟他的成绩大小一起调整顺序。我们可以定义一个学生类Student，它的属性有学号、姓名、年龄和成绩。把输入数据读入列表中，然后进行排序就可以了，其Python代码如下：

```
class Student:
    def __init__(self):
        self.ID=0
        self.name=""
        self.age=0
        self.score=0
    def printans(self):
        print(self.ID," ",self.name," ",self.age," ",self.score)
s=[Student]*101
n=int(input())
for i in range(1,n+1):
```

```
    message=input()
    messagelist=message.split()
    st=Student()
    st.ID=int(messagelist[0])
    st.name=messagelist[1]
    st.age=int(messagelist[2])
    st.score=int(messagelist[3])
    s[i]=st
t=Student()
for i in range(1,n):
    k=i
    for j in range(i,n+1):
        if s[j].score>s[k].score:
            k=j
    t=s[k]
    s[k]=s[i]
    s[i]=t
for i in range(1,n+1):
    s[i].printans()
```

例题3：众数。给定n个正整数，求出它们的众数及对应出现次数。所有数字不超过10万，n不超过1万。

输入要求：第1行输入n的值，第2行为n个整数。

输出要求：输出它们的众数及对应出现次数（有多少个就输出多少个，从小到大输出）。

样例输入：

```
10
1 1 2 2 3 3 3 4 4 4
```

样例输出：

```
3 3
4 3
```

思路分析：众数是指一组数据中出现次数最多的那个数据，一组数据可以有多个众数。根据题意，我们知道最多有1万个数据，这1万个数据的数据范围是1到100000，题意要求输出它们的众数及对应出现次数，所以我们可以进行桶排序，安排10万个桶，把数据放入对应的桶里面，并累计加1。由于众数可能存在着多个，所以我们用列表anslist和k来存放众数和对应出现的次数。其Python代码对应如下：

```
n=int(input())
s=[0]*100001
num=input()
listnum=num.split()
for i in range (n):
    t=int(listnum[i])
    s[t]=s[t]+1
k=-1
for i in range(1,100001):
    if k<s[i]:
        k=s[i]
anslist=[0]*100001
x=0
for i in range(1,100001):
    if k==s[i]:
        anslist[x]=i
        x=x+1
for i in range(x):
    print(anslist[i],k)
```

5.7　本章小结

　　本章主要介绍了选择排序、冒泡排序、插入排序和桶排序几种排序算法，这几种排序算法实现起来比较简单，但运用的时候却有一点局限性，如选择、冒泡、插入排序的时间复杂度都是$O(n^2)$，数据量达到10^4级左右就会变慢；桶排序则取决于数据范围，数据最大值和最小值相差越大，需要开的空间就越多。当然，也有一些时间复杂度和空间复杂度更优、使用更广泛的排序算法，如快速排序、归并排序等，它们用到了分治思想和递归算法，我们留到第8章再作介绍。

第6章 贪心算法

贪心算法，又名"贪婪算法"，是指在求解问题时，每次总是做出当前最好的选择。它算得上是最接近人们日常思维的一种解题方法，该算法的特点是根据每次所得到的局部最优解，推导出全局最优解。而要得到这个"最好的选择"，一般会用到排序算法。大多数贪心问题，其贪心策略是比较直观的，符合人的择优思维。选择一个正确而巧妙的贪心策略，可以高效地解决问题。因此，设计一种贪心算法，一定要思考严密，确保正确性。下面我们通过几个例子学习贪心算法。

6.1 贪心算法经典例题

例题1：矩阵选数。在N行M列的正整数矩阵中，要求从每行中选出1个数，使得选出的总共N个数的和最大。

输入：第一行两个正整数N和M，用空格隔开，表示行数和列数。第2行到第N+1行，每行M个用空格隔开的正整数，表示矩阵里面的数。

输出：使得选出的N个数的和最大。

样例输入：

```
4 5
15 44 56 17 28
10 14 20 92 54
```

```
12 45 28 79 12
10 25 14 65 83
```

样例输出:

```
310
```

数据范围:

1≤n,m≤100

思路分析：要使总和最大，则每个数要尽可能大，自然应该选每行中最大的那个数。因此，我们设计出如下算法：

```
s=input()
listitem=s.split()
n=int(listitem[0])
m=int(listitem[1])
sum=0
for i in range(n):
    s=input()
    listitem=s.split()
    maxnum=-1
    for j in range(m):
        if(maxnum<int(listitem[j])):    #对每一行取最大值
            maxnum=int(listitem[j])
    sum=sum+maxnum
print(sum)
```

从上例我们可以看到，贪心算法是一种解决最优问题的算法。它按照当前最佳的选择，把问题归纳为更小的相似的子问题，并使子问题最优，再由子问题来推导出全局最优解。使用贪心算法需要注意局部最优与全局最优的关系，选择当前状态的局部最优并不一定能推导出问题的全局最优。

例题2：寻找路径之和最大值。在一个N×M的方格阵中，每一格子赋予一个数值，规定每次移动时只能向上或向右。现试找出一条路径，使其从左下角至右上角所经过的数字之和最大。

我们以2×3的矩阵为例：

3	4	6
1	2	10

若按贪心策略求解，左下角数值1的格子，在走第一步的过程中，它有两种选择：向右或者向上。由于向上格子的值比向右格子的值大，它会往上走，由此得出贪心路径为：1→3→4→6。

但最优解的路径为：1→2→10→6。

可见局部最优不一定能推导出问题的全局最优。在用贪心算法解决问题中，求解的问题具有以下特点：

（1）贪心选择性质：算法中每一步选择都是当前看似最佳的选择，这种选择依赖于已做出的选择，但不依赖于未做的选择。

（2）最优子结构性质：算法中每一次都取得了最优解（即局部最优解），要保证最后的结果最优，即必须满足全局最优解包含局部最优解。

由于全局最优解不包含局部最优解，不满足最优子结构性质，导致不适合用贪心算法解决。

例题3：竞赛奖励。学校将举办OI模拟赛，为了激励选手取得更好的成绩，主办方购买了n种笔作为奖品发给成绩突出的学生，第i种笔的价值是a_i元，数量是c_i支。小明在比赛中获得了第一名，至多可以从奖品中选择m支笔（1≤n≤100，0≤m≤笔的总数量），请问他能获得的笔的最大总价值是多少？

输入：第一行两个正整数n和m，用空格隔开，n表示n种笔，m表示小明获得m支笔。第2到第n+1行，每行两个数ai，ci，用空格隔开。ai表示第i种笔的价值，ci表示第i种笔的数量。

输出：输出一个数，表示小明获得笔的最大总价值。

样例输入：

```
5 10
10 6
15 2
25 3
14 4
9 12
```

样例输出：

```
171
```

思路分析：当一个问题的最优解包含其子问题的最优解时，称此问题具有最优子结构性质，这是能用贪心算法的关键特征。现在的问题是选择m支笔，每一支笔的选择就是子问题，优先选择价值高的笔，符合最优子结构性质。为了让选择的效率更高，我们可以先对笔按照价值从大到小进行排序，然后依次选择价值大的笔，其Python代码如下：

```python
s=input()
listitem=s.split()
n=int(listitem[0])
m=int(listitem[1])
a=[0]*101
c=[0]*101
for i in range(1,n+1):    #输入n种笔的价值与数量
    s=input()
    listitem=s.split()
    a[i]=int(listitem[0])
    c[i]=int(listitem[1])
#对笔按照价值从大到小排序
for i in range(1, n):    #冒泡排序n-1次
```

```
        for j in range(1, n):    #从左到右遍历
            if a[j] < a[j+1]:    #逆序交换
                a[j], a[j+1] = a[j+1], a[j]
                c[j], c[j+1] = c[j+1], c[j]
s = 0    #总价值为0
for i in range(1, n+1):    #价值从大到小选择
    if m >= c[i]:    #能选完c[i]支笔
        s = s + a[i]*c[i]    #累加价值
        m = m - c[i]
    else:
        s = s + a[i]*m    #累加价值
        break    #选完退出循环
print(s)    #输出答案
```

例题4：找零钱。纸质人民币的面值有1元、2元、5元、10元、20元、50元、100元。现在需要找钱，n元最少需要找钱多少张？

输入：只有一个数n。

输出：n元最少需要找钱多少张？

样例输入：

786

样例输出：

12

思路分析：如果问题是问最多找钱多少张，那么就很简单了，答案是n，全部用1元的纸币来找钱。现在求的是最少找钱多少张，我们也不难想到尽量找面值大的纸币，因为一张面值大的钱，可以顶上多张面值小的钱。可以对面值进行排序，从大到小进行找钱，如果要找的钱能用到该面值，就尽量多的用。下面是Python代码的实现：

```
a = [0, 100, 50, 20, 10, 5, 2, 1]    #面值从大到小排序
n = int(input("请输入金额："))
c = 0    #最少张数
for i in range(1, 8):    #从大到小选择使用
    if n >= a[i]:    #能找钱
        c = c + n // a[i]    #有多少张找多少张，累加起来
        n = n % a[i]    #找完就剩下余数部分
print(c)    #输出答案
```

优先选择面值大的来找钱，在这里是正确的。能用1张100，就不可能用2张50；能用一张50，就不可能用5张10；能用1张10，就不可能用2张5；能用1张5，就不可能用5张1。

但是，如果面值不是这样设计，而是只有1元、5元、8元和10元这4种面值呢？这种情况下就会出现错误。例如，要找16元，显然两张8元才是最优解，而不是一张10元，一张5元和一张1元。

通过上例可以看出运用贪心算法解题需要注意两个问题：一是如何贪心才能从众多的可行解中找到最优解，即贪心的标准；二是证明贪心性质的正确性。贪心性质的证明是贪心算法正确与否的关键，常用的证明法有反证法和构造法。

（1）反证法：顾名思义，对于当前的贪心策略，否定当前的选择，看看是否能得到最优解，如果不能得到，说明当前贪心策略是正确的；否则，当前策略不正确，不可用。

（2）构造法：对于题目给出的问题，用贪心策略时，把问题构造成已知的算法或数据结构，以此证明贪心策略是正确的。

例题5：排队问题。在一个食堂，有n（1≤n≤100）个人排队买饭，每个人买饭需要的时间为T_i，请你找出一种排列次序，使每个人买饭的时间总和最小。

输入：输入文件共两行，第一行为n；第二行分别表示第1个人到第n个人每人买饭的时间T_1, T_2, …, T_n。

输出：输出文件仅一行，为买饭的时间总和。

样例输入：

```
6
5 3 7 1 9 10
```

样例输出：

```
90
```

思路分析：假设买饭的人按照1…n的顺序排列的，那么问题就转化为求以下公式的最小值：Total=T_1+(T_1+T_2)+(T_1+T_2+T_3)+…+(T_1+T_2+…+T_n)，对公式换个写法：

$$Total=nT_1+(n-1)T_2+(n-2)T_3\cdots+2T_{n-1}+T_n$$

现在你是否发现一点什么呢？

如果让$T_1 \leq T_2 \leq T_3 \leq \cdots \leq T_n$，也就是把买饭时间少的人尽可能排在前面，总的等待时间就最少了。问题的本质就转变为把n个等待时间按照非递减的顺序排序，求出总和即可。

证明：反证法。假设这种排列不正确，则交换T_2和T_3，有：

$$Total2=nT_1+(n-1)T_3+(n-2)T_2+\cdots+2T_{n-1}+T_n$$

由于$T_2 \leq T_3$，故Total2≥Total，两者相比较，可知有序的序列能得到最优的方案。对于其他位置的改变可以采用同样的方法证明。用反证法证明时，关键是证明反例不成立，由此推出原方案是最优的。其Python代码如下：

```
n=int(input())
s=input()
listitem=s.split()
a=[0]*101
for i in range(n):
    a[i]=int(listitem[i])
for i in range(n-1):    #冒泡排序，从小到大排序
    for j in range(n-1-i):
        if(a[j]>a[j+1]):
```

```
            a[j], a[j+1] = a[j+1], a[j]
sum=0
for i in range(n):
     sum=sum+a[i]*(n-i)
print(sum)
```

例题6：坐船旅游。学校组织旅游，同学们去游船，每条小船至多坐2人，且载重量不超过m，已知学生的体重，请问n个同学都要坐到船，至少需要多少条船？

输入：第一行两个正整数n和m，用空格隔开，n表示有n个同学，m表示船的最大载量。第二行有n个数，用空格隔开，分别表示n个同学的体重。

输出：n个同学至少需要多少条船？

样例输入：

```
4 120
70 80 23 45
```

样例输出：

```
2
```

数据范围：

$1 \leq n \leq 100$，$1 \leq m \leq 200$

思路分析：如果一条船载重量是110公斤，4个同学的体重分别是40，50，58，65，那么需要2条船：40和64，50和58。如果四个同学的体重分别是50，60，70，80，那就需要3条船：50和60，70，80。这让人很容易想到让最轻的和最重的一起坐船，但这样的贪心策略是否正确呢？

最轻的同学和最重的同学一起坐船，只会产生2种情况，要么两人重量超过船的载重量；要么两人重量不超过船的载重量，能够一起坐船。对于第一种情况，最重的同学连最轻的都不能一起坐船，那么他跟谁都不能一起坐船，自己单独坐一条船是唯一的选择。对于第二种情况，最轻的同学选择了最重的同学，也就是选择了最好的同伴，他能让他所在的船尽量"装满"，是目前看来最优的选择；而最重的同学虽然可能跟更重的同学一起坐船，让船坐得"更满"，但也不会影响全局的最优解，因为其他同学既然能跟最重的一起坐船，那么跟谁坐船都可以，虽然坐得没那么"满"，但也不会增加船的数量。

为了提高选择的效率，我们可以先按照体重进行排序，找两个变量记录首尾，即记录最轻的同学和最重的同学，然后按照贪心策略安排坐船并统计船的数量。

```
s=input()
listitem=s.split()
n=int(listitem[0])
m=int(listitem[1])
s=input()
listitem=s.split()
a = []    #存储n个同学的体重
for i in range(n):
        a.append(int(listitem[i]))
a.sort()    #按体重从小到大排序
x = 0    #最轻的同学是x
y = n-1    #最重的同学是y
c = 0    #需要船的数量
while x <= y:    #还有同学没坐船
    if a[x] + a[y] <= m:    #一起坐船
        x = x + 1
        y = y - 1
    else:    #最重的自己坐船
        y = y - 1
    c = c + 1    #增加一条船
print(c)    #输出答案
```

例题7：活动安排。设有n个活动的集合E={1，2，…，n}，其中每个活动都要求使用同一资源，如演讲会场等，而在同一时间内只有一个活动能使用这一资源。每个活动i都有一个要求使用该资源的起始时间s_i和一个结束时间f_i，且$s_i < f_i$。如果选择了活动i，则它在半开时间区间[s_i, f_i)内占用资源。若区间[s_i,

f_i)与区间[s_j, f_j)不相交,则称活动i与活动j是相容的。也就是说,当$s_i \geq f_j$或$s_j \geq f_i$时,活动i与活动j相容。

输入:第一行一个整数 n;接下来的 n行,每行两个整数 s_i 和 f_i。

输出:输出互相兼容的最大活动个数。

样例输入:

```
4
1 3
4 6
2 5
1 7
```

样例输出:

```
2
```

数据范围:

$1 \leq n \leq 1000$

思路分析:将n个活动按结束时间非减序排列$f_1 \leq f_2 \leq f_3 \leq \cdots \leq f_n$,依次考虑活动i,若i与已选择的活动相容,没有冲突,就选;否则就不选。贪心策略就是取满足条件的第一个区间。

证明:如果不选f_1,假设第一个选择的是f_i,则如果f_i和f_1不交叉则多选一个f_1更划算;如果交叉则把f_i换成f_1不影响后续选择。

设待安排的11个活动起止时间按结束时间的非减序排列。

i	1	2	3	4	5	6	7	8	9	10	11
s_i	1	3	0	5	3	5	6	8	8	2	12
f_i	4	5	6	7	8	9	10	11	12	13	14

从表中我们可以选择活动1、活动4、活动8、活动11共4个活动,没有办法选择超过4个相容的活动。本题Python相关代码如下。

```python
n=int(input())
s=[0]*1001
```

```
f=[0]*1001
for i in range(1,n+1):    #输入n个活动的开始时间和结束时间
    h=input()
    listitem=h.split()
    s[i]=int(listitem[0])
    f[i]=int(listitem[1])
#对活动结束时间从小到大排序
for i in range(1, n):    #冒泡排序n-1次
    for j in range(1, n):    #从左到右遍历
        if f[j] > f[j+1]:    #逆序交换
            s[j], s[j+1] = s[j+1], s[j]
            f[j], f[j+1] = f[j+1], f[j]
ans= 0    #能够相容活动总数量
ff=0
for i in range(1, n+1):
    if s[i] >= ff:    #不冲突
        ans=ans+1
        ff=f[i]
print(ans)    #输出答案
```

例题8：区间选点问题。给定n个闭区间[a_i, b_i]，在数轴上选尽量少的点，使得每个区间内都至少有两个不同点，这些点必须是整数，不同区间内含的点可以是同一个。

输入：第一行输入n，代表n个区间。接下来的n行每行的第一个数代表区间起点，第二个数代表区间终点。

输出：输出最少点的数量，这些最少的点能满足题意要求覆盖全部区间。

样例输入：

```
4
3 6
2 4
```

```
0 2
4 7
```

样例输出：

```
4
```

数据范围：

1≤n≤100，0≤a_i，b_i≤10000，a_i+2≤b_i

思路分析：先按照所有区间的结束位置从小到大排序。从区间1到区间n进行循环，对于当前区间，若已选中的数不能覆盖它，则从区间末尾向前扫描，若当前数未选中出现，则将该数标记为已选中，直至使选中的数能满足该区间要求为止。

样例输入有4个区间，通过排序之后结果为：[0，2]，[2，4]，[3，6]和[4，7]，其中第一个区间[0，2]里面有三个整数{0，1，2}，我们挑两个点（1，2），第二个区间[2，4]里面有三个整数{2，3，4}，该区间整数2已经挑了，我们只需再挑整数4，此时我们总共挑了三个点（1，2，4），第三个区间[3，6]有4个整数{3，4，5，6}，整数4已经挑了，我们可以再挑整数6，此时我们总共挑了四个点（1，2，4，6），对于第四个区间[4，7]，该区间有4个整数{4，5，6，7}，整数4和整数6已经挑了，满足题意，不需要再挑了，所以答案为4个点。

上述算法的指导思想是在某一区间中排列越靠后的数对以后区间的影响越大，即它在以后区间出现的可能性越大。其Python相关代码如下：

```python
n=int(input())
a=[0]*101
b=[0]*101
c=[False]*10001    #初始化false
for i in range(1,n+1):    #输入n个区间
    h=input()
    listitem=h.split()
    a[i]=int(listitem[0])
```

```
            b[i]=int(listitem[1])
#对区间b从小到大排序
for i in range(1, n):    #冒泡排序n-1次
    for j in range(1, n):    #从左到右遍历
        if b[j] >b[j+1]:    #逆序交换
            a[j], a[j+1] = a[j+1], a[j]
            b[j], b[j+1] = b[j+1], b[j]
ans=0
for i in range(1,n+1):
    s=0
    for j in range(a[i],b[i]+1):
        if c[j]==True:
            s=s+1
    if s==0:
        c[b[i]]=True
        c[b[i]-1]=True
        ans=ans+2
    if s==1:
        c[b[i]]=True
        ans=ans+1
print(ans)
```

例题9：有N堆纸牌，编号分别为1，2，…，N。每堆上有若干张，但纸牌总数必为N的倍数。可以在任一堆上取若干张纸牌，然后移动。

移牌规则为：在编号为1的堆上取的纸牌，只能移到编号为2的堆上；在编号为N的堆上取的纸牌，只能移到编号为N-1的堆上；其他堆上取的纸牌，可以移到相邻左边或右边的堆上。

现在要求找出一种移动方法，用最少的移动次数使每堆上的纸牌数都一样多。

例如N=4，4堆纸牌数分别为：①9 ②8 ③17 ④6

移动3次可达到目的：从③取4张牌放到④（9 8 13 10）→从③取3张牌放到②（9 11 10 10）→从②取1张牌放到①（10 10 10 10）。

输入：第一行为1个整数N（N堆纸牌，1≤N≤100），第二行为N个用空格分开的整数，依次为A_1，A_2，…，A_n（N堆纸牌，每堆纸牌初始数，1≤A_i≤10000）。

输出：所有堆均达到相等时的最少移动次数。

样例输入：

```
4
9 8 17 6
```

样例输出：

```
3
```

思路分析：我们要使移动次数最少，就是要把次数浪费降至零。通过对具体情况的分析，可以看出在某相邻的两堆之间移动两次或两次以上，是一种浪费，因为我们可以把它们合并为一次或零次。

如果你想到把每堆牌的张数减去平均张数，题目就变成移动正数，加到负数中，最终使大家都变成0，那就意味着成功了一半！

样例：(9+8+17+6)/4=10

对应贪心的牌数为：−1　−2　7　−4

第一次：0　−3　7　−4

第二次：0　0　4　−4

第三次：0　0　0　0

所以一共3次。

从第i堆移动−m张牌到第i+1堆，等价于从第i+1堆移动m张牌到第i堆，步数是一样的。相关Python代码如下：

```
a=[0]*101
n=int(input())
s=input()
listitem=s.split()
sum=0
```

```
for i in range(1,n+1):
    a[i]=int(listitem[i-1])
    sum=sum+a[i]    #统计所有纸牌数量
avg=sum//n    #计算平均值
ans=0
for i in range(1,n+1):
    a[i]=a[i]-avg
    if a[i]>0:    #有多余的纸牌，给右边
        a[i+1]=a[i+1]+a[i]
        ans=ans+1
    if a[i]<0:    #不够纸牌，跟右边借
        a[i+1]=a[i+1]+a[i]
        ans=ans+1
print(ans)
```

例题10：合并果子。在一个果园里，有n堆果子，现在需要把所有的果子合成一堆。每一次可以把两堆果子合并到一起，消耗的体力等于两堆果子的重量之和，经过n-1次合并之后，就只剩下一堆了。n堆果子合并成一堆，总共消耗的体力等于每次合并所耗体力之和，求消耗体力之和的最小值。

例如有3堆果子，重量依次为1，2，9。可以先将1，2堆合并，新堆重量为3，耗费体力为3。接着，将新堆与原先的第三堆合并，又得到新的堆，数目为12，耗费体力为12。总共耗费体力为3+12=15。可以证明15为最小的体力耗费值。

输入：输入两行，第一行是一个整数n($1 \leq n \leq 100$)，表示果子的堆数。第二行包含n个整数，用空格分隔，第i个整数a_i($1 \leq a_i \leq 200$)是第i堆果子的数目。

输出：输出包括一行，这一行只包含一个整数，也就是最小的体力耗费值。

样例输入：

```
3
1 2 9
```

样例输出：

```
15
```

思路分析：合并第i堆果子和第j堆果子，消耗的体例为a_i+a_j。假设某一堆果子t，被某一堆合并，又被某一堆合并……，重复m_t次，那么单单考虑这第t堆果子，它所需要消耗的体例将会是$m_t \cdot a_t$，这样的话，合并的总代价为：

$$total=\sum_{t=1}^{n} m_t \cdot a_t$$

而每一堆果子a_i的数量是规定的，$m_1+m_2+\cdots+m_n$总和等于n−1（要进行n−1次合并），也是一定的。所以我们只需要使果子数大的那一堆的m_i尽量小，使果子数小的那一堆的m_i尽量大。一种简单的策略就是每次取两个最小的堆，合并。这样可以使果子数小的堆多次合成，果子数大的堆少合成，就取到了最优值。其Python代码如下：

```python
n = int(input("请输入果子堆数："))
a = [0] * 105
s=input()
listitem=s.split()
for i in range(1, n+1):
    a[i] = int(listitem[i-1])
sum = 0   #记录消耗体力之和
a[0] = 10 ** 18
for i in range(1, n):   #合并n-1次
    x = y = 0    #最小是第x堆，次小是第y堆
    for j in range(1, n+1):
        if a[j] < a[x]:   #找到最小
            x, y = j, x
        elif a[j] < a[y]:   #找到次小
            y = j
    sum += a[x] + a[y]   #累加合并代价
    a[x], a[y] = a[x]+a[y], a[0]   #合并后少一堆，不妨设合并到x
print(sum)   #输出答案
```

6.2 本章小结

　　严格来讲，贪心是一种解题策略，也是一种解题思想，而非算法，所以很难抽象地去讲解，只能通过这种结合例题的方法来学习。使用贪心方法需要注意局部最优与全局最优的关系，它并不是从整体最优考虑，它所作出的选择只是在某种意义上的局部最优选择，选择当前状态的局部最优并不一定能推导出问题的全局最优。利用贪心策略解题，需要解决两个问题：该题是否适合使用贪心策略求解，如何选择贪心标准。贪心标准的证明是贪心算法正确与否的关键。

第7章 递推

客观世界的各个事物，往往存在着很多隐藏的关系。我们在编写程序前，应该仔细观察，不断尝试推理，尽可能发现它们内在的规律，把这种规律性的东西抽象为数学模型，最后实现编程。递推算法就是一种重要的数学方法，在数学的各个领域中都有广泛的运用，也是计算机用于数值计算的一个重要算法。在用递推算法解决的问题中，每个数据项都和它前面的若干个数据项（或后面的若干个数据项）有一定的关联，这种关联一般是通过递推关系式来表示的。求解问题时我们就从初始的一个或若干数据项出发，通过递推关系式逐步推进，从而得到最终结果。这种求解问题的方法叫作递推算法。

7.1 递推算法思想

递推关系可以抽象为一个简单的数学模型，即给定一个数的序列a_0，a_1，…，a_n，若存在整数n_0，使当$n>n_0$时可以用将a_n与其前面的某些项a_i联系起来，这样的式子称为递推公式。

例题1：斐波那契（Fibonacci）问题。斐波那契数列的代表问题是由意大利著名数学家斐波那契于1202年提出的"兔子繁殖问题"。

问题：一个数列的第0项为0，第1项为1，以后每一项都是前两项的和，这个数列就是著名的斐波那契数列，求斐波那契数列的第N项。

由问题我们可以写成递推方程：

$$f(n)=\begin{cases}0, & n=0\\ 1, & n=1\\ f(n-1)+f(n-2), & n\geq 2\end{cases}$$

从这个问题可以看出，在计算斐波那契数列的每一项目时，都可以由前两项推出。这样，相邻两项之间的变化有一定的规律性，我们可以将这种规律归纳成如下简捷的递推关系式：$F_n=g(F_{n-1})$，这就在数的序列中，建立起后项和前项之间的关系。然后从初始条件（或是最终结果）入手，按递推关系式递推，直至求出最终结果（或初始值）。很多问题就是这样逐步求解的。递推算法的基本思想是把一个复杂庞大的计算过程转化为简单过程的多次重复。该算法利用了计算机速度快和自动化的特点。解决递推问题的一般步骤为：①建立递推关系式；②确定边界条件；③编写程序递推求解。

下面我们将从四个应用来学习递推算法。

7.2 一般递推问题

例题2：猴子吃桃问题。猴子第一天摘下若干个桃子，当即吃了一半，还不过瘾，又多吃了一个。第二天早上又将剩下的桃子吃掉一半，又多吃一个。以后每天早上都吃了前一天剩下的一半零一个。到第N天早上想再吃时，见只剩下一个桃子了。求第一天共摘多少桃子。

输入：N。

输出：第一天共摘多少桃子。

样例输入：

```
10
```

样例输出：

```
1534
```

思路分析：第一天的桃子数量，等于第二天的桃子数量加1然后乘以2，第二天的桃子数量，等于第三天的桃子数量加1然后乘以2……。一般地，第k天的桃子数是第k+1天的桃子数加1后的2倍。根据样例，设第k天的桃子数是t(k)，则有递推关系t(k)=(t(k+1)+1)·2，且初始条件为：t(10)=1，t(10)→t(9)→t(8)→t(7)→t(6)→t(5)→t(4)→t(3)→t(2)→t(1)。其Python相关代码如下：

```
n=int(input())
f2=1
for i in range(n,1,-1):
    f1=(f2+1)*2
    f2=f1
print(f1)
```

例题3：义务植树。3月12日植树节到了，小明的班主任带着全班同学到白云山义务植树。到了白云山，找到预定的地方，班主任把工具分发下去，拿出一张图纸展示给大家看，并说明要求：

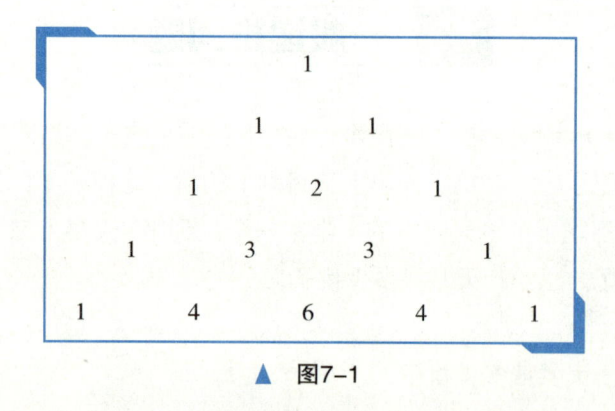

```
                1
              1   1
            1   2   1
          1   3   3   1
        1   4   6   4   1
```

▲ 图7-1

我们班所有同学植的树要成一个等腰三角形，等腰三角形的两条腰上按顺序都是植1棵树，其他位置植树棵数等于它的左上角和右上角所植树的和。

小明负责本小组植树棵数的计算，例如第i行第j列这个位置应植多少棵树。小明认真看了一下图纸，傻眼了，这该怎么计算啊？

输入：只有1行：i和j两个数（1≤i, j≤101, j≤i），中间隔一个空格，表示植树位置为第i行第j个位置（从左往右第j个）。

输出：输出只有一个数，为所求位置上应植树的棵数。

样例输入:

```
5 3
```

样例输出:

```
6
```

思路分析：上面图纸显示的数字排列，其实就是杨辉三角几何排列。题意已经把递推的关系告诉我们了：等腰三角形的两条腰上按顺序都是植1棵树，其他位置植树棵数等于它的左上角和右上角所植树的和。我们把上面图纸数字的排列方式变换如下：

```
1
1 1
1 2 1
1 3 3 1
1 4 6 4 1
```

所以对于第i行来说，f[i][1]=f[i][i]=1，其他位置f[i][j]=f[i-1][j-1]+f[i-1][j]。递推从上到下可以得出第i行第j列的数据，其Python相关代码如下：

```
s=input()
listitem=s.split()
n=int(listitem[0])
m=int(listitem[1])
#分配空间
f= []
for i in range(0, n+5):
    f.append([0] * (i+5))
for i in range(1,n+1):
    for j in range(1,i+1):
```

```
            if j==1 or j==i:
                f[i][j]=1
            else:
                f[i][j]=f[i-1][j]+f[i-1][j-1]
print(f[n][m])
```

例题4：走楼梯。有一段楼梯有n级台阶，规定每一步只能跨一级或两级，要登上第n级台阶有几种不同的走法？

输入：输入文件仅1行，1个正整数n（n≤1000）。

输出：输出文件仅1行，即走n级楼梯不同走法的数量。

样例输入：

```
4
```

样例输出：

```
5
```

思路分析：登上第1级台阶有1种走法；登上第2级台阶有2种走法（两个一级或一个两级）。接下来考虑登上第3级台阶：情况一，从第1级台阶可以直接来到第3级台阶，此时方法数与登上第1级台阶的方法数相同；情况二，从第2级台阶可以直接来到第3级台阶，此时方法数与登上第2级台阶的方法数相同。所以登上第3级台阶的方法数等于第1级台阶的方法数加第2级台阶的方法数即3种走法；之后同理，登上第4级台阶的方法数等于第2级台阶的方法数加第3级台阶的方法数，即5种走法……由此构成斐波那契数列：1，2，3，5，8，13，21，34，55，89，144，233，377，610，987，…，其Python相关代码如下：

```
n=int(input())
f=[0]*1005
f[1]=1
f[2]=2
```

```
for i in range(3,n+1):
    f[i]=f[i-1]+f[i-2]
print(f[n])
```

例题5：汉诺塔（hanoi塔）问题。汉诺塔由n个大小不同的圆盘和三根木柱A，B，C组成。开始时，这n个圆盘由大到小依次套在A柱上，如图7-2所示。要求把A柱上n个圆盘按下述规则移到C柱上：

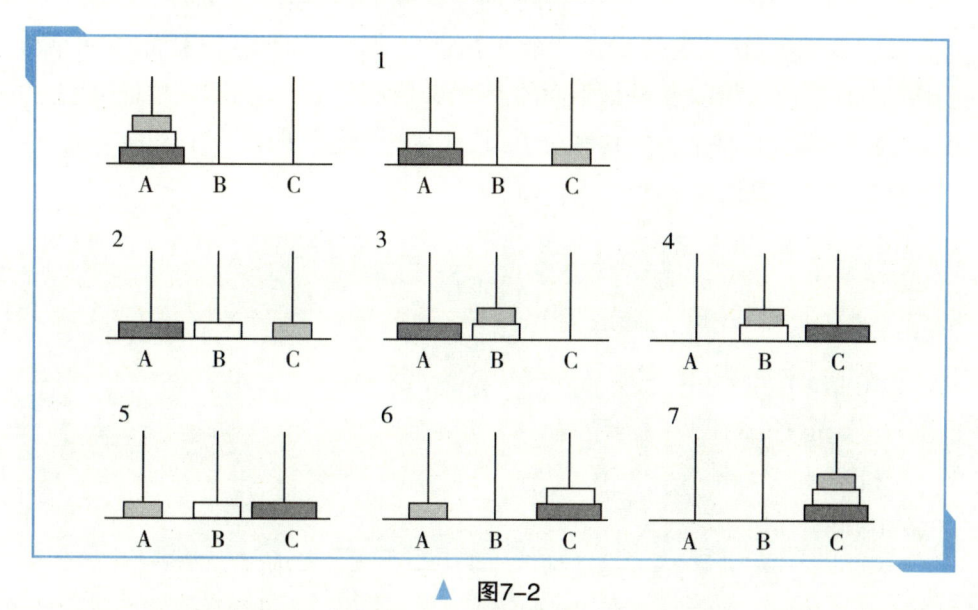

▲ 图7-2

（1）一次只能移一个圆盘。

（2）圆盘只能在三个柱上存放。

（3）在移动过程中，不允许大盘压小盘。

将这n（2≤n≤64）个盘子从A柱移动到C柱上，最少需要移动多少次？

输入：输入1个正整数n，表示在A柱上放有n个圆盘。

输出：输出仅1行，包含一个正整数，为完成上述任务所需的最少移动次数An。

样例输入：

3

样例输出：

7

思路分析：设H_n为n个盘子从A柱移到C柱所需移动的盘次。显然，当n=1时，只需把A柱上的盘子直接移动到C柱就可以了，故H_1=1。

当n=2时，先将A柱上面的小盘子移动到B柱上去，然后将大盘子从A柱移到C柱，最后，将B柱上的小盘子移到C柱上，共记3个盘次，故H_2=3。

以此类推，当A柱上有n(n≥2)个盘子时，总是先借助C柱把上面的n-1个盘子移动到B柱上，然后把A柱最下面的盘子移动到C柱上，再借助A柱把B柱上的n-1个盘子移动到C柱上，总共移动H_{n-1}+1+H_{n-1}个盘次。所以，H_n=2H_{n-1}+1，边界条件为H_1=1。其Python相关代码如下：

```
h=[0]*65
h[1]=1
n=int(input())
for i in range(2,n+1):
    h[i]=h[i-1]*2+1
print(h[i])
```

7.3 组合计数类问题

组合计数类问题跟组合数学有很大关系，我们需要掌握一些基本的计数技巧。

（1）加法原理。

做一件事情有n个办法，第i个办法有p_i种方案，那么这件事情就有p_1+p_2+p_3+…+p_n种方案。

（2）乘法原理。

做一件事情有n个步骤，第i个步骤有p_i种方案，那么完成这件事情就有$p_1 \cdot p_2 \cdot p_3 \cdots p_n$种方案。

（3）排列。

从n个不同元素中每次取出m（1≤m≤n）个不同元素，排成一列，称为从n个元素中取出m个元素的无重复排列或直线排列，简称排列。从n个不同元素中取出m个不同元素的所有不同排列的个数称为排列种数或称排列数，记为P_n^m。

$$P_n^m = n \cdot (n-1) \cdot (n-2) \cdots (n-m+1) = \frac{n!}{(n-m)!}$$

（4）组合。

从n个不同元素中每次取出m个不同元素（0≤m≤n），不管其顺序合成一组，称为从n个元素中不重复地选取m个元素的一个组合。所有这样的组合的总数称为组合数，记为C_n^m。

$$C_n^m = \frac{P_n^m}{m!} = \frac{n \cdot (n-1) \cdot (n-2) \cdots (n-m+1)}{m!}$$

（5）卡特兰（Catalan）数。

卡特兰数列是指满足如下特征的数：

h(0)=1

h(1)=1

h(n)= h(0)·h(n-1) + h(1)·h(n-2)+···+h(n-1)·h(0)（其中n≥2）

前几个卡特兰数为：1，1，2，5，14，42，132，429，1430，4862，16796，58786，208012，742900，2674440，9694845。

例题6：凸n边形的三角形剖分。在一个凸n边形中，通过不相交于n边形内部的对角线，把n边形拆分成若干三角形，不同的拆分数目用f(n)表示。如五边形有如下五种拆分方案，故f(5)=5，如图7-3。求对于一个任意的凸n边形相应的f(n)值。

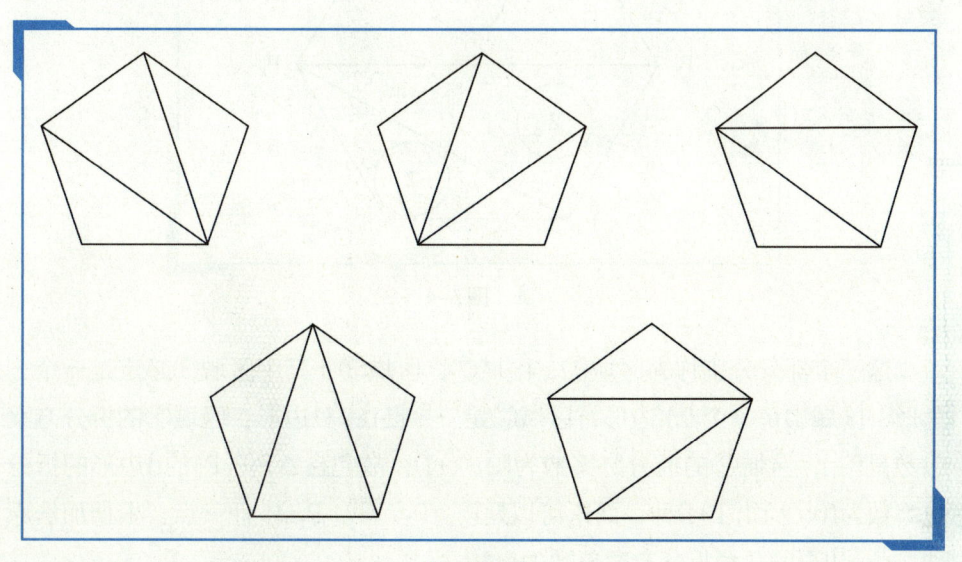

▲ 图7-3

输入：只有一个数n(4≤n≤30)。
输出：f(n)的值。
样例输入：

5

样例输出：

5

思路分析：设f(n)表示凸n边形的拆分方案总数。由题目中的要求可知一个凸n边形的任意一条边都必然是一个三角形的一条边，边P_1P_n也不例外，再根据"不在同一直线上的三点可以确定一个三角形"，只要在P_2，P_3，…，P_{n-1}点中找一个点P_k(1<k<n)，与P_1，P_n共同构成一个三角形的三个顶点，就将n边形分成了三个不相交的部分(如图7-4)。

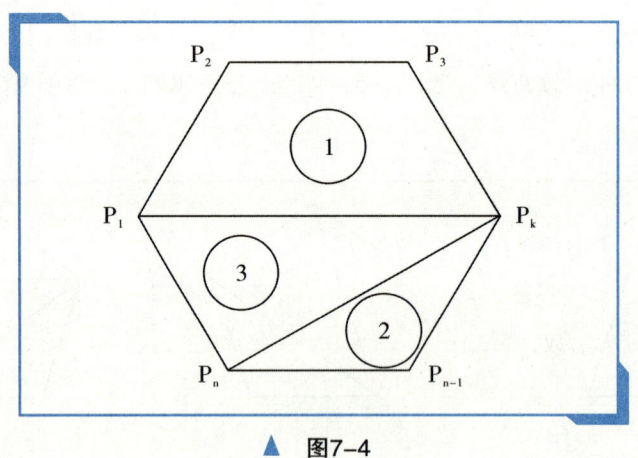

▲ 图7-4

这三个部分分别称为区域①、区域②、区域③，其中区域③必定是一个三角形，区域①是一个凸k边形，区域②是一个凸n-k+1边形，区域①的拆分方案总数是f(k)，区域②的拆分方案数为f(n-k+1)，故包含△$P_1P_kP_n$的n边形的拆分方案数为f(k)·f(n-k+1)种，而P_k可以是P_2，P_3，…，P_{n-1}中任一点，根据加法原理，凸n边形的三角拆分方案总数为：

$$f(n)=\sum_{i=2}^{n-1}f(i)\cdot f(n-i+1)$$

边界条件为f[2]=1,f[3]=1。其Python相关代码如下：

```
f=[0]*33
f[2]=1
f[3]=1
n=int(input())
for i in range(4,n+1):
    for j in range(2,n):
        f[i]=f[i]+f[j]*f[i-j+1]
print(f[n])
```

我们可以求出卡特兰的通项式，其推导过程如下：

考虑由n个+1和n个-1构成的2n项序列$a_1,a_2,a_3\cdots a_{2n}$，其部分和总满足$a_1+a_2+a_3+\cdots+a_k\geq0(k=1,2,\cdots,2n)$序列的个数等于第n个卡特兰数，为：

$$H_n=\frac{1}{n+1}C_{2n}^n$$

证明：如果由n个+1和n个-1组成的序列满足$a_1+a_2+a_3+\cdots+a_k\geq0(k=1,2,\cdots,2n)$，则称其为可接受的，否则称为不可以接受的。设$A_n$是由n个+1和n个-1组成的可接受序列的个数，设$U_n$表示不可接受序列的个数。由n个+1和n个-1组成的序列总数为：

$$A_n+U_n=C_{2n}^n=\frac{(2n)!}{n!n!}$$

我们可以先计算U_n，然后由$C_{2n}^n-U_n$得出A_n。

如果由n个+1和n个-1组成的序列为不可接受，那么必然存在第一个使部分和$a_1+a_2+\cdots+a_{2p+1}<0$，因为2p+1是第一个，所以在$a_{2p+1}$前面存在相等个数的p个+1和p个-1，即序列前2p+1个有p+1个-1，p个+1，所以后面序列$a_{2p+2}, a_{2p+3}, \cdots, a_{2n}$

有n-p个+1，n-p-1个-1（因为+1有n个，-1有n个）。若把序列a_{2p+2}，a_{2p+3}，…，a_{2n}中的+1和-1互换，使之成为n-p个-1，n-p-1个+1，结果序列a_1, a_2，…，a_{2n}变成有n+1个-1，n-1个+1组成的2n位数。即一个不合法的方案必定对应着一个由n+1个-1和n-1个+1组成的一个排列。

倒过来可以反证：

任意一个由n+1个-1和n-1个+1组成的一个排列，由于-1的个数多了2个，所以必定在某个奇数位2p+1上出现-1的个数超过1的个数。同样，把后面部分-1和1互换，成为了由n个-1和n个1组成的2n位数。

由此，每一个不合法的方案总是与唯一一个由n+1个-1和n-1个1组成的排列一一对应。于是，不合法的方案数为：

$$U_n = C_{2n}^{n+1} = \frac{(2n)!}{(n+1)!(n-1)!}$$

因此卡特兰数第n项的值为：

$$H_n = C_{2n}^n - C_{2n}^{n+1} = \frac{(2n)!}{n!n!} - \frac{(2n)!}{(n+1)!(n-1)!}$$

$$= \frac{(2n)!}{n!(n-1)!}\left(\frac{1}{n} - \frac{1}{n+1}\right) = \frac{(2n)!}{n!(n-1)!}\left(\frac{1}{n(n+1)}\right) = \frac{1}{n+1}C_{2n}^n$$

证明完毕。

例题7：N个数字1，2，…，n按一定的顺序入栈，求不同的出栈序列数目。

输入：一个数N。

输出：求不同的出栈序列数目。

样例输入：

```
3
```

样例输出：

```
5
```

思路分析：考虑出栈序列最后一个元素，它可以是1, 2, …, n中任何一个。假设出栈序列最后一个元素为i，那么意味着i进栈之前，栈为空，即1, 2, …, i-1都已经出栈了，前面i-1个数出栈序列的方案数是f_{i-1}。i进栈之后，i+1, i+2, …, n共n-i个数相继进行进栈出栈操作，由于i是整个出栈序列的后一个元素，所以i+1, i+2, …, n必须得在i出栈之前已经出栈了，后面n-i个数出栈序列的方案数是f_{n-i}。所以第i个数最后出栈的方案数就是$f_{i-1} \cdot f_{n-i}$。总的出栈方案为：

$$f_n = \sum_{i=1}^{n} f_{i-1} \cdot f_{n-i}$$

初始条件为f[0]=1。利用上面证明的卡特兰通项式，其Python相关代码如下：

```
n=int(input())
s=1
for i in range(1,2*n+1):
    s=s*i
    if i==n:
        x=s
ans=int(s/(x*x*(n+1)))
print(ans)
```

7.4 博弈问题

博弈又称为"对策论""赛局理论"等。下面我们将从递推的角度来分析博弈问题。

例题8：走直线棋问题。有如下所示的一个编号为1到n的方格：

| 1 | 2 | 3 | 4 | … | n-1 | n |

现由计算机和人进行人机对弈，从方格1走到方格n，每次可以从集合 S={a_1, a_2, a_3, …, a_m}挑出其中的一个数a_i，走a_i个格子，规定谁最先走到第n格为胜，试设计一个人机对弈方案，模拟整个游戏过程的情况并力求计算机尽量不败。

思路分析：谁先走到第n格就获胜。例如，假设S={1, 2}，从第n格往前倒推，则走到第n-1格或第n-2格的一方必败，而走到第n-3格者必定获胜，因此在n，S确定后，棋格中每个方格的胜、负或平手（双方都不能到达第n格）都是可以事先确定的。将目标格置为必胜态，由后往前倒推每一格的胜负状态，规定在自己所处的当前格后，若对方无论走到哪儿都必定失败，则当前格为胜态，若走后有任一格为胜格，则当前格为输态，否则为平手。

设1表示必胜态，-1表示必败态，0表示平手。

例如，设n=10，S={1, 2}，则可确定其每个棋格的状态如下所示：

1	-1	-1	1	-1	-1	1	-1	-1	1

而n=10，S={2, 3}时，其每格的状态将会如下所示：

0	-1	-1	0	1	0	-1	-1	0	1

有了棋格的状态图后，程序应能判断让谁先走，计算机选择必胜策略或双方和（双方均不能到达目标格）的策略下棋，这样就能保证计算机尽可能不败。

例题9：小明和小红在玩一个智力游戏，游戏开始时，小明有A元，小红有B元。现在有n个商品，每个商品需要的费用为C_i元，小明和小红轮流购买东西，且每次购买的商品件数大于等于1。游戏规定，除了第1个商品之外，其他商品只有当第i-1个物品被购买后，第i个物品才能被购买，不够钱购买的那一方为输。保证两人都是按最优的操作，小明先购买，问谁将取得胜利。

输入：有两行，第一行有三个数值，分别为n，A和B。第二行有n个数，分别表示每一件商品的价格。

输出：如果是小明赢了，请输出小明的名字，否则输出小红的名字。

样例输入：

```
3 2 2
1 2 1
```

样例输出：

小明

数据范围：
$1 \leq n \leq 1000000$，$0 \leq A, B \leq 10^9$，$1 \leq C_i \leq 10^9$

思路分析：小明和小红总的钱数为all，我们可以找到商品价格总和第一个前缀和a[1]+a[2]+a[3]+……+a[i]大于all的数，这个位置的商品i是不可能购买的。

例如：小明有10元，小红有10元，则all=20元，共有5个商品，价格分别为5元、6元、7元、8元、15元。这样的话第四个商品是不可能购买得到的，因为到那里需要26元。所以找到这个商品位置之后，我们就从它前面这个位置开始往前递推，dp[i]表示到达商品i这个位置时必胜最少需要多少元。

例如，从第三个商品位置开始，显然dp[3]=7，因为只要能买得起这个商品，就是必胜，第四个商品是无法购买得到的。

对于第二个商品位置，要获得必胜，有两种决策：

决策1：直接到达后继的必胜态。即dp[2]=6+dp[3]=13。

决策2：留给对手一个必败态，即对手下一次最多只能有（dp[3]-1）=6元，当前有all-5=15元，则dp[2]=15-6=9。

两者取较小值，即dp[2]=9。

对于第一个商品位置，同样有两种决策：

决策1：直接到达后继的必胜态。即dp[1]=5+dp[2]=14。

决策2：留给对手一个必败态，即对手下一次最多只能有（dp[2]-1）=8元，当前有all=20元，则dp[1]=20-8=12。

取两者较小值，dp[1]=12。

得到了dp[1]后，只需要比较dp[1]和小明的钱的大小即可，当小明的钱≥dp[1]时，小明必胜，否则必败。这里10 < dp[1]，所以小明必败。

其Python相关代码如下：

```
sum=[0]*1000010
dp=[0]*1000010
s=[0]*1000010
r=input()
```

```
listitem=r.split()
n=int(listitem[0])
A=int(listitem[1])
B=int(listitem[2])
all=A+B
len=n
r=input()
listitem=r.split()
for i in range(1,n+1):
    s[i]=int(listitem[i-1])
for i in range(1,n+1):
    sum[i]=sum[i-1]+s[i]
    if(sum[i]>all):
        len=i-1
        break;
dp[len]=s[len]
for i in range(len-1,0,-1):
    t=all-sum[i-1]
    dp[i]=t-dp[i+1]+1
    t=dp[i+1]+s[i]
    if(t<dp[i]):
        dp[i]=t
if A>=dp[1]:
    print("小明")
else:
    print("小红")
```

7.5 动态规划的递推问题

动态规划是解决多阶段决策过程的最优化问题的一种有效方法，在多阶段决策的问题中，各个阶段采取的决策，一般来说是与时间或空间有关的。决策依赖于当前状态，又随即引起状态的转移，一个决策序列就是在变化的状态中产生出来，故有"动态"的含义，我们称这种解决多阶段决策最优化的过程为动态规划方法。动态规划的递推问题一般跟坐标位置有关，如图7-5中，求点A到点P的最短路径，规定每一步只能向左或向下走。

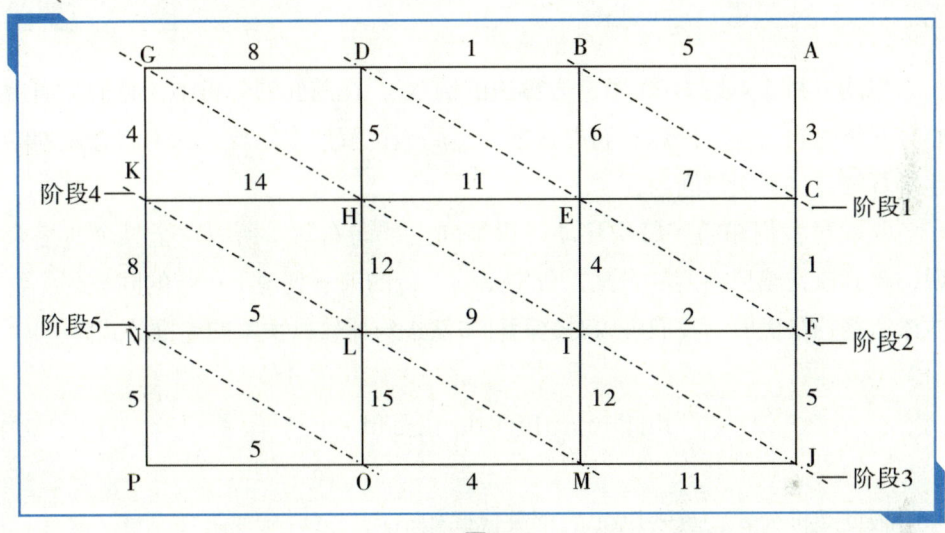

▲ 图7-5

从A到P划分5个阶段，每个阶段中都存在着很多种状态，如阶段3有G，H，I和J四个状态。当决策从某条路走到另外状态时，程序依赖于当前状态和边权值。如求状态E的最优值，它取决于状态B的值+边BE的边权与状态C+边CE的边权的最小值。我们可以从点A推出阶段1中状态B和状态C的值。f[B]=5，f[C]=3，再由阶段1推出阶段2状态的值，f[D]=f[B]+1=6，f[E]=min(f[B]+6,f[C]+7)=10，f[F]=f[C]+1=4，以此类推后面阶段。

例题10：寻找路径之和最大值。一个N×M的方格阵中，每一格子赋予一个数值，规定每次移动时只能向上或向右。现试找出一条路径，使其从左下角至右上角所经过的数字之和最大。

输入：第一行，用空格隔开的两个正整数N和M。接下来有N行，每行有M个正整数，都是用空格隔开。（1≤N，M≤100）

输出：一个数，为从左下角到右上角经过的数字之和的最大值。

样例输入：

```
2 3
3 4 6
1 2 10
```

样例输出：

```
19
```

思路分析：本题为第6章贪心算法的例题2，在前面的分析中，我们知道贪心算法具有盲目性，所以没有办法推出全局最优解。本题我们利用动态规划的递推算法尝试解决该问题。

从题意我们知道"每次移动时只能向上或向右"，所以对于某个方格来说，走到该方格只有两种方案，分别是同一行的前一列或下一行的同一列。要求该方格的最优值，我们可以对这两种方案进行比较。决策的递推公式为：

$$f[i][j]=\max(f[i][j-1], f[i+1][j])+a[i][j]$$

根据递推公式，其Python的相关代码如下：

```
r=input()
listitem=r.split()
n=int(listitem[0])
m=int(listitem[1])
a=[[0 for i in range(101)]for j in range(101)]
for i in range(n):
    r=input()
    listitem=r.split()
    for j in range(m):
        a[i+1][j+1]=int(listitem[j])
f=[[0 for i in range(101)]for j in range(101)]
```

```
for i in range(n,0,-1):
    for j in range(1,m+1):
        if i==n:
            f[n][j]=f[n][j-1]+a[n][j]
        else:
            if j==1:
                f[i][1]=f[i+1][1]+a[i][1]
            else:
                f[i][j]=max(f[i+1][j],f[i][j-1])+a[i][j]
print(f[1][m])
```

例题11：数塔问题。如图7-6的数塔，从顶部出发在每一个节点都只能走到相邻的节点，也就是只能向左或者向右走，一直走到底层。要求找出一条路径，使得路径上的数字之和最大。

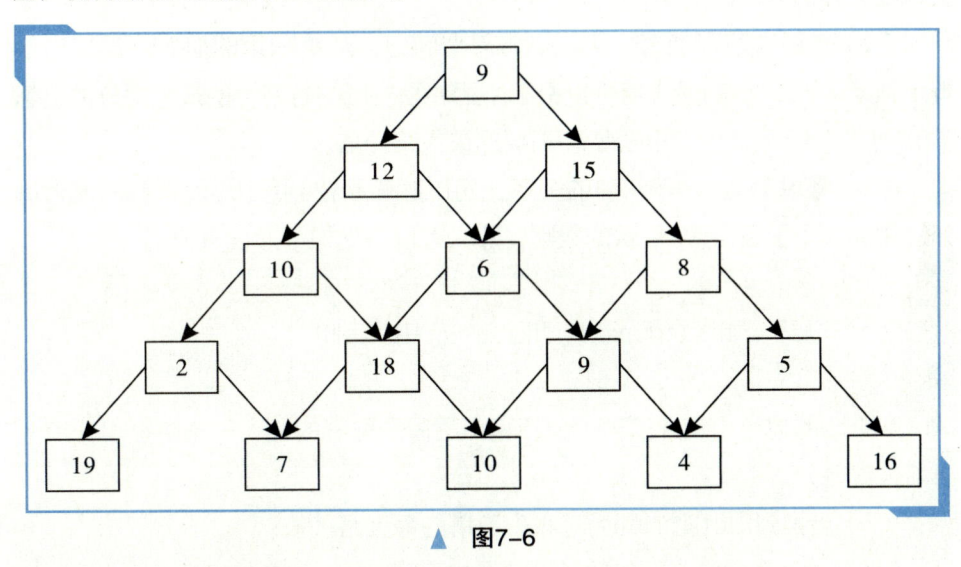

▲ 图7-6

输入：第一行为数字N（1≤N≤100），代表三角形的行数；以下N行，分别是从最顶层到最底层的每一层中的数字。

输出：输出路径之和的最大值。

样例输入：

```
5
7
3 8
8 1 0
2 7 7 4
4 5 2 6 5
```

样例输出：

```
30
```

思路分析：这道题目使用贪心算法不能保证找到真正的最大和，但可以换个角度来分析问题。

（1）求最大路径值时，可以倒着思考问题，从第N层倒推到第1层，当倒着走到第i层时，它的最大值可以由第N层到第i+1层的各路径的最大得分加上第i层的可走的最大数字，即可得到第i层的最大路径值。

（2）考虑第i层与第i+1层的关系。用f[i][j]表示走到第i层第j位置的最大得分，a[i][j]表示第i层第j个位置的数字，那么可以得到如下递推方程：

$$f[i][j]=\max(f[i+1][j], f[i+1][j+1])+a[i][j]$$

即f[i][j]的值可由第i+1层中能走到第i层第j个位置的最大一条路径得分加上当前位置得分。

（3）当推到f[1][1]时，即为三角形数塔的最大路径值。

如图7-6，我们把上面的数塔存储在如下列表中。

9				
12	15			
10	6	8		
2	18	9	5	
19	7	10	4	16

通过递推方程计算之后，f[i][j]数组的值情况如下表。

59				
50	49			
38	34	29		
21	28	19	21	
19	7	10	4	16

其Python的相关代码如下：

```
n=int(input())
a=[[0 for i in range(101)]for j in range(101)]
for i in range(1,n+1):
    r=input()
    listitem=r.split()
    for j in range(i):
        a[i][j+1]=int(listitem[j])
f=[[0 for i in range(101)]for j in range(101)]
for j in range(1,n+1):
    f[n][j]=a[n][j]
for i in range(n-1,0,-1):
    for j in range(1,i+1):
        f[i][j]=max(f[i+1][j],f[i+1][j+1])+a[i][j]
print(f[1][1])
```

7.6 本章小结

  本章我们通过四个方面学习了递推算法，可以看到递推算法的首要问题是得到相邻数据项间的关系（即递推关系）。一般来说，题目不会明显告诉我们递推关系式，而是需要我们细心观察，不断推敲，当然这必须得有扎实的数学基础。递推算法的优点是避开了求通项公式的麻烦，把一个复杂的问题的求解，分解成了连续的若干步简单运算。一般说来，可以将递推算法看成是一种特殊的迭代算法。

第8章　递归

在程序中，一种直接或者间接地调用自身函数的算法称为递归。在编写程序中，递归算法对解决"大问题"是十分有效的。它通常把一个不能或不好直接求解的"大问题"转化成一个或几个相似的"小问题"来解决，再把这些"小问题"进一步分解成更小的"小问题"来解决，如此分解，直至每个"小问题"都可以直接解决。递归算法只需少量的程序就可描述出解题过程所需要的多次重复计算，大大地减少了程序的代码量，它往往使算法的描述简洁而且易于理解。

8.1　递归算法思想

现实生活中，当你往镜子前面一站，镜子里面就有一个你的像。但你试过两面镜子一起照吗？如果甲、乙两面镜子相互面对面放着，你往中间一站，嘿，两面镜子里都有你的千百个"化身"！为什么会有这么奇妙的现象呢？原来，甲镜子里有乙镜子的像，乙镜子里也有甲镜子的像，而且这样反反复复，就会产生一连串的像中像。这就是一种递归现象。

递归，在数学与计算机科学中，是指在函数的定义中使用函数自身的方法。也就是说，递归算法是一种直接或者间接调用自身函数的算法。它的实质是把问题分解成规模缩小的同类问题的子问题，然后递归调用方法来表示问题的解。递归分为直接递归和间接递归。

先看大家都熟悉的一个民间故事：从前有座山，山上有座庙，庙里有一个老和尚在给小和尚讲故事；故事里说，从前有座山，山上有座庙，庙里有一个老和尚在给小和尚讲故事；故事里说，从前有座山，山上有座庙，庙里有一个老和尚在给小和尚讲故事，故事里说……像这样，如果把故事写成一个函数，那么这个故事里面又有"故事"自己本身，就是函数自己调用自己了。我们称之为直接递归。

```
def gushi():
    print("从前有座山，山上有座庙，庙里有一个老和尚和一个小和尚，有一天
        老和尚对小和尚说：",end=" ")
    gushi()
```

而间接递归，就是一个函数a调用其他函数b，函数b又调用到这个函数a。比如音箱和麦克风：说话的声音通过麦克风转换成电信号，电信号通过功率放大器输出到音箱，音箱发出的声音又通过麦克风转换成电信号，电信号通过功率放大器输出到音箱，音箱发出的声音又通过麦克风转换成电信号……

如果我们把音箱看成函数a，麦克风看成函数b，那么音箱播出声音后，就会调用函数b；麦克风捕获声音后，也会调用函数a。两个函数互相调用，实现了函数a通过函数b间接调用自己，函数b通过函数a间接调用自己。

```
def a():
    b()
def b():
    a()
```

我们通过生活中的事例学习了直接递归和间接递归，事实上，在实际编写程序中，我们是不会去编写这么无聊的递归函数的，因为执行这样的递归，将执行到天荒地老，永远不会停止。一般来说，适合用递归解决的问题需要满足如下两个条件：①需要解决的问题可以化为一个或多个子问题来求解，而这些子问题的求解方法与原来的问题完全相同，只是在数量规模上不同；②必须有结束递归的条件（边界条件）来终止递归，也即递归调用的次数必须是有限的。下面我们通过一些例题来学习递归算法思想。

8.2 递归算法经典例题

例题1：斐波那契数列。著名的意大利数学家斐波那契(Fibonacci)在他的著作《算盘书》中提出了一个"兔子问题"：假定小兔子一个月就可以长成大兔子，而大兔子每个月都会生出一对小兔子。如果年初养了一对小兔子，问到第几个月时将有多少对兔子？（当然得假设兔子没有死亡而且严格按照上述规律长大与繁殖）

输入：只有一个数据n（1≤n≤100），表示所求的第几个月。

输出：第n个月有多少对兔子。

样例输入：

```
10
```

样例输出：

```
55
```

思路分析：该题是第7章的"例题1"。我们可以按照上面例题的题意，把前面12个月兔子的情况通过表格罗列出来。

月份	1	2	3	4	5	6	7	8	9	10	11	12
小兔	1		1	1	2	3	5	8	13	21	34	55
大兔		1	1	2	3	5	8	13	21	34	55	89
合计	1	1	2	3	5	8	13	21	34	55	89	144

仔细研究表，每一个月份的大兔数、小兔数与上一个月的数字有什么联系，你有些什么发现？假设第n个月的兔子数是f(n)，可以验证递推公式f(n)=f(n-1)+f(n-2)。这是因为每月的大兔子数目一定等于上月的兔子总数，而每个月的小兔子数目一定等于上月的大兔子数目(即前一个月的兔子的数目)。我们不难用以前学过的递推算法编写如下的Python代码：

```
n=int(input())
a=1
b=1
if n==1 or n==2:
    print(1)
else:
    for i in range(3,n+1):
        c=a+b
        a=b
        b=c
print(c)
```

想一想，如何用递归算法来解决该问题。要想求第n个月的兔子数f(n)，必须得知道f(n-1)和f(n-2)的值，要想求f(n-1)的值得知道f(n-2)和f(n-3)的值，而求f(n-2)的值得知道f(n-3)和f(n-4)的值。我们可以看到原问题转化为一个与原问题相似的规模较小的问题，而n=1或2时，f(1)和f(2)的值为1。所以其Python的递归代码如下：

```
def f(n):
    if n<3:
        return 1
    else:
        return f(n-1)+f(n-2)
n=int(input())
print(f(n))
```

从上面例题我们可以看到递推和递归的区别：递推是先得出低阶规模的值，如规模为i，一般i=1，然后逐步推导出问题规模为i+1的解，一直推到规模为n的问题（知道第一个，推出下一个，直到达到目的）。而递归是将问题规模为n的问题，降解成若干个规模为n-1的问题，依次降解，直到问题规模可求，求出低阶规模的解，接着代入高阶问题中，直至求出规模为n的问题的解

（要知道第一个，需要先知道下一个，直到一个已知的，再反过来，得到上一个，直到第一个）。

例题2：n个人坐在一起，问第n个人多少岁？他说比第n-1个人大2岁。问第n-1个人岁数，他说比第n-2个人大2岁。问第n-2个人，又说比第n-3人大2岁……，直到最后问第一个人，他说是10岁。请问第n个人多大？

输入：一个数n(1≤n≤30)，表示n个人。

输出：第n个人多大？

样例输入：

5

样例输出：

18

思路分析：设f(n)为第n个人的年龄。根据题意可以得出：

$$f(1)=10$$
$$f(n)=f(n-1)+2$$

本题同样可以用递推和递归两种方法解决。在此我们采取递归算法来实现，以进一步了解递归算法的执行机制。其递归的Python代码如下：

```python
def f(n):
    if n==1:
        return 10
    else:
        return f(n-1)+2
n=int(input())
print(f(n))
```

要想求f(n)的值，得先求f(n-1)的值，要想求f(n-1)的值，得先求f(n-2)的值……一直到f(1)，我们知道f(1)的值为10，得到f(1)的值之后，我们就知道f(2)的值为12，同样f(3)的值为14，依次类推，最终求得f(n)的值。假设n=5，其递归的执行过程如图8-1:

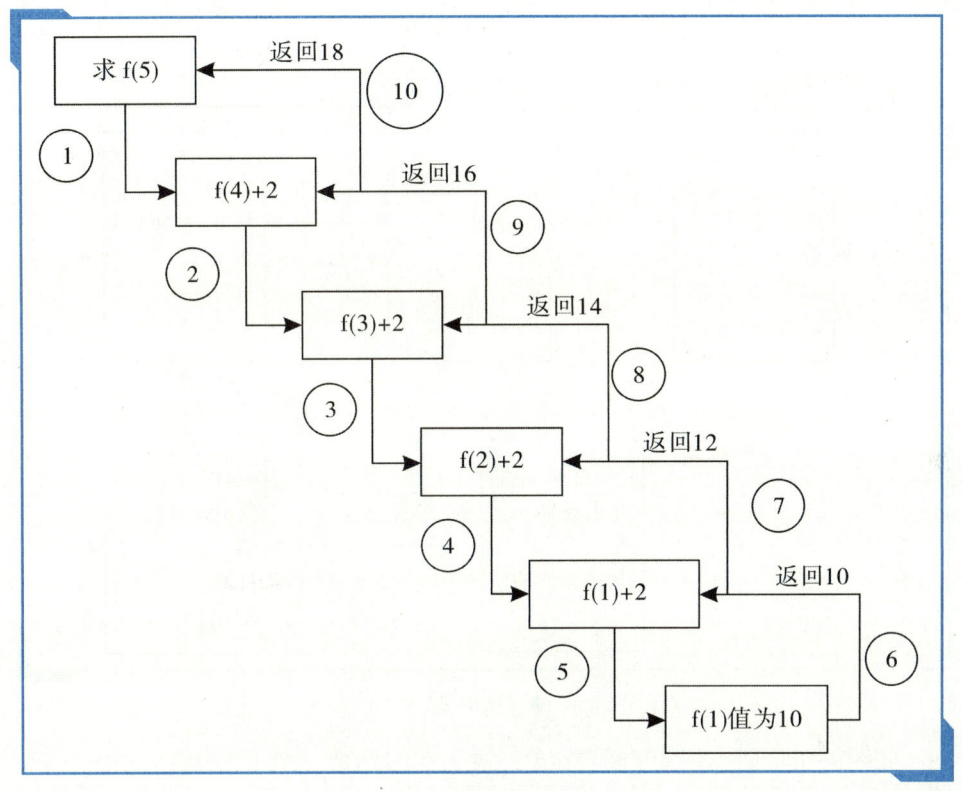

▲ 图8-1

其中小圆圈的编号为递归的执行顺序过程，我们看到递归其实包含了两个过程：递推和回推。步骤1到步骤5为递推过程，为了求得原问题的解，我们把原问题转化为规模较小的子问题去求解，一直递推到规模为f(1)，然后得到f(1)的值，回推步骤6到步骤10，逐一求解各个子问题的解，最终得到原问题的解。为了让大家对递归执行的两个过程（递推和回推）有很好的理解，我们下面先来看一段代码：

```
def p(n):
    if n>0:
        p(n-1)
        for i in range(1,n+1):
```

```
        print(n,end="")
    print("\n")
p(4)
```

看程序写结果。大家想一想，猜一猜答案是什么？

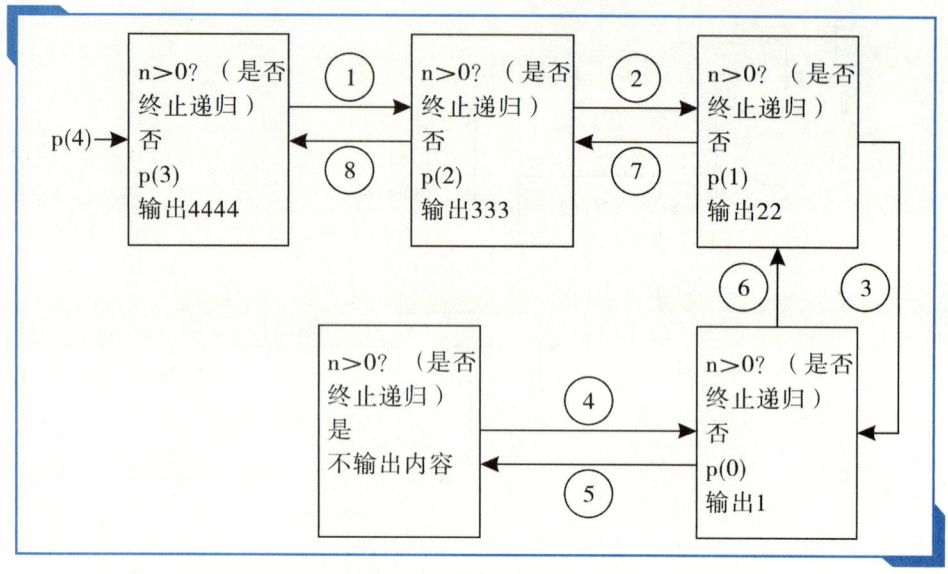

▲ 图8-2

如图8-2所示，主程序调用p(4)，进入递归函数。由于n的值大于0，没有终止递推，继续进入p(3)，一直到p(0)。过程p(4)→p(3)→p(2)→p(1)→p(0)为递推过程，即对应图8-2步骤1到4。p(0)由于n的值为0，此时终止递推，不需要输出内容，进入回推阶段；执行步骤5，返回到之前调用p(0)的位置，执行之前余下的代码，输出1；执行步骤6，返回之前调用p(1)的位置，执行之前余下的代码，输出22；执行步骤7，返回之前调用p(2)的位置，执行之前余下的代码，输出333；执行步骤8，返回之前调用p(3)的位置，执行之前余下的代码，输出4444。所以上面的代码执行完后，输出结果为：

```
1
22
333
4444
```

从上图我们可以看到递归过程的执行总是一个函数体未执行完，就带着本次执行的结果进入另一轮函数体的执行，……，如此反复，不断深入，直到某次函数的执行遇到终止递归的边界条件时，则不再深入，然后又返回到上一次调用的函数体中，执行其余下的部分，……，如此反复，直到回到起始位置上，才最终结束整个递归过程的执行，得到相应的执行结果。

例题3：汉诺塔问题。如图8-3所示，我们有三根柱子（A，B，C）和若干大小各异的圆盘，一开始的时候，所有圆盘都在A柱上，且按照从小到大的顺序排列整齐（小的在上，大的在下），现在请你把所有的圆盘从A柱搬到C柱上去。在搬动的时候，一次只能将某柱最顶端的一个圆盘移动到另一柱的最顶端，且在移动的过程中，永远不允许出现大圆盘在小圆盘之上的情况。现在要求给出N个盘从A柱移到C柱的移动过程。

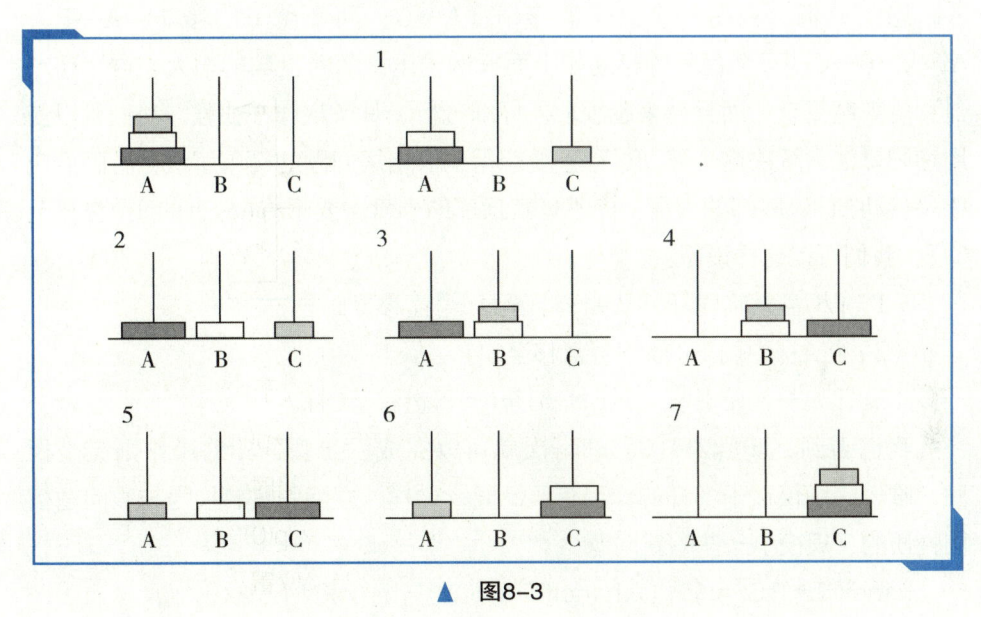

▲ 图8-3

输入：一个数N（1≤N≤10），表示一开始A柱有N个盘。

输出：给出N个盘从A柱移到C柱的移动过程。

样例输入：

3

样例输出：

```
A->C
A->B
C->B
A->C
B->A
B->C
A->C
```

思路分析：只有一个盘子的移动：A→C；两个盘子的移动：A→B，A→C，B→C；三个盘子的移动如上面样例输出。随着盘数的增大，这个移动过程越来越复杂，而且越来越烦琐。仔细分析，其实规律性很强。我们可以使用递归算法来解决这个移动过程。要想得到汉诺塔问题的简单解法，着眼点应该是移动A杆最底部的大盘，而不是其顶部的小盘。要想将A杆上的N个盘移至C杆，我们可以这样设想：

（1）以C盘为临时杆，从A杆将1至N-1号盘移至B杆。

（2）将A杆中剩下的第N号盘移至C杆。

（3）以A杆为临时杆，从B杆将1至N-1号盘移至C杆。

我们看到，步骤2只需移动一次就可以完成；步骤1与3的操作则完全相同，唯一区别仅在于各杆的作用有所不同。这样，原问题被转换为与原问题相同性质的、规模小一些的新问题。

hanoi(N,A,B,C) 可转化为hanoi(N-1,A,C,B)与hanoi(N-1,B,A,C)。

其中hanoi中的参数分别表示需移动的盘数、起始杆、临时杆与目标杆。

这种转换直至盘数为0为止，因为这时已无盘可移了。这就是我们需要找的递归调用模型。其Python的相关代码如下：

```
def hanoi(n,a,b,c):
    if n==1:
        print(a,"->",c)
    else:
        hanoi(n-1,a,c,b)
```

```
        print(a,"->",c)
        hanoi(n-1,b,a,c)
n=int(input())
hanoi(n,'A','B','C')
```

为了理解上面递归的执行过程，我们假设n=3，它的整个递归过程如图8-4，小圆圈的编号为程序输出结果的先后顺序。

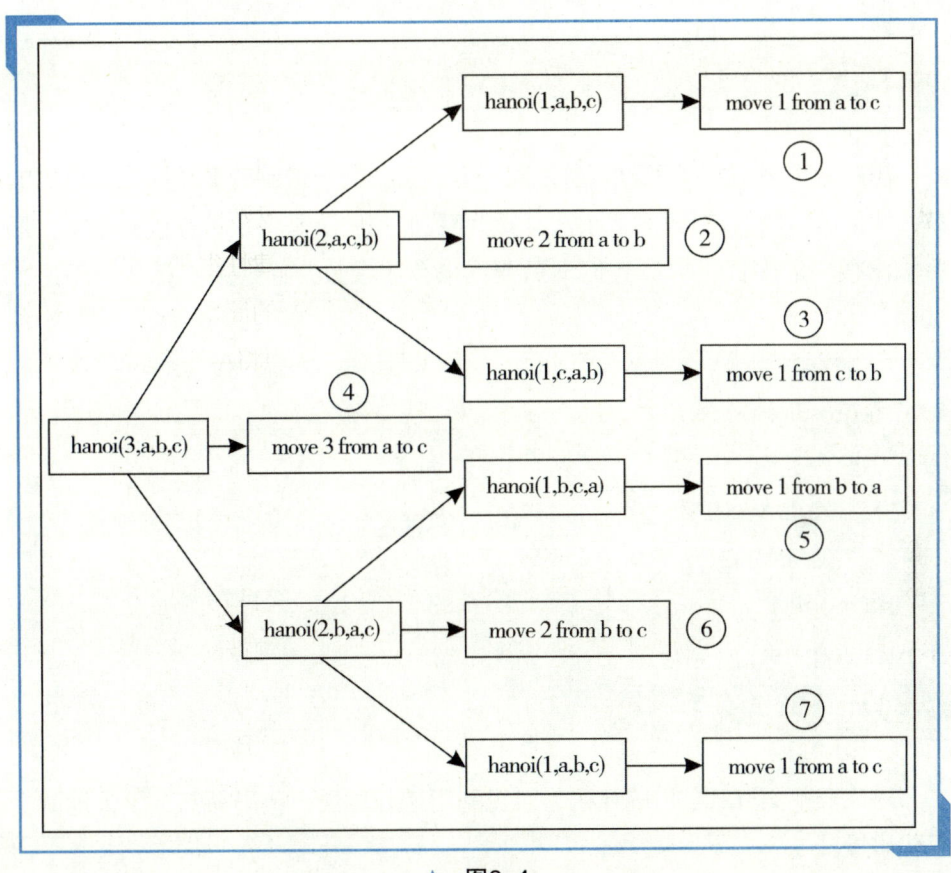

▲ 图8-4

如果说例题1与例题2无法体现递归算法的独特优点，那么，例题3的解法则很能说明问题，因为一般的算法是很难解决这个问题的，而hanoi()函数只用了几条语句就解决这个难题。

不过要说明的是，按照汉诺塔的移动原则，将N个盘从A杆移动到C杆需要移动盘的次数是2的N次幂减1，所以在运行程序时，输入的N可不能太大。

例题4：求二进制数。输入一个十进制数n，将其转换为二进制数输出。其中$0 \leq n \leq 32767$。

输入：一个十进制数n。

输出：n的二进制。

样例输入：

```
10
```

样例输出：

```
1010
```

思路分析：本题跟第3章例题1是同一道题目。把十进制的数转换为二进制的数，我们采取的方法是除2取余法。第3章我们的做法是将余数存放在栈中，最后输出栈中的内容。本章我们不需要栈来存放余数，通过递归算法实现这个过程。

```python
def tentotwo(n):
    if n>0:
        tentotwo(n//2)
        print(n%2,end="")
n=int(input())
tentotwo(n)
print()
```

对比一下第3章例题1的代码，可见利用递归算法，代码简洁，大大地减少了代码量。

例题5：求最大公约数。求两个正整数m和n的最大公约数。

输入：只有一行，两个数m和n（$1 \leq m, n \leq 10000$）。

输出：m和n的最大公约数。

样例输入：

```
8 6
```

样例输出：

```
2
```

思路分析：在小学我们曾学过求两个数的最大公约数的方法：先用两个公有的质因数连续去除，一直除到所得的商是互质数为止，然后把所有的除数连乘起来。那么除了以上这种方法还有没有其他简便的方法呢？

答案是肯定有的，我们可以利用辗转相除法。所谓辗转相除法，就是对于给定的两个数，用较大的数除以较小的数。若余数不为零，则将余数和较小的数构成新的一对数，继续上面的除法，直到大数被小数除尽，则这时较小的数就是原来两个数的最大公约数。

例如：求225和135这两个数的最大公约数。我们利用辗转相除法，把它的求解过程展示出来：

$$225=135 \cdot 1+90$$
$$135=90 \cdot 1+45$$
$$90=45 \cdot 2+0$$

所以45是225和135的最大公约数。

上面只是一个示例，我们还需要从数学的角度严格给出证明。设a和b的最大公约数为gcd(a,b)。

证明：

（1）令c=gcd(a,b)，a≥b。

（2）令r=a mod b，p=$\lfloor a/b \rfloor$。

（3）设a=kc，b=jc，则k、j互素，否则c不是最大公约数。

（4）据上，r=a-pb=kc-pjc=(k-pj)c。

（5）可知r也是c的倍数，且k-pj与j互素，否则与前述k，j互素矛盾。

（6）由此可知，b与r的最大公约数也是c，即gcd(a,b)=gcd(b,a mod b)，得证。

辗转相除法的递归Python代码如下：

```
def gcd(a,b):
    r=a%b
    if r==0:
```

```
        return b
    else:
        a=b
        b=r
        return gcd(a,b)
s=input()
listitem=s.split()
m=int(listitem[0])
n=int(listitem[1])
print(gcd(m,n))
```

8.3 递归算法与分治算法

从上面我们知道，递归算法是把一个规模较大的原问题通过递推的方式转化为跟原问题相似的子问题，再把这些子问题进一步分解为更小的子问题，直到小问题都解决，最后回推得到原问题的解。分治算法顾名思义"分而治之"，简而言之就是对于一个规模为n的问题，若该问题可以容易地解决（比如说规模n较小）则直接解决，否则将其分解为k个规模较小的子问题，这些子问题互相独立且与原问题形式相同，递归地解这些子问题，然后将各子问题的解合并得到原问题的解。从这一点来说，分治算法是建立在递归算法的基础上的。

利用分治算法解决问题中，一般要包含下面三个步骤：

（1）分解：将原问题划分为若干个子问题。

（2）求解：递归地解这些子问题；若子问题规模足够小，则直接解决之。

（3）合并：将子问题的解合并成原问题的解。

下面，我们将从归并排序和快速排序来学习分治算法。

8.3.1 归并排序

归并排序是分治算法的完美例子，它使用了这种算法的三个主要步骤：

（1）把n个待排序元素划分为两个长度为n/2的子序列。

（2）递归调用归并排序将这两个子序列排序，若子序列长度为1时，已自然有序，无须做任何事情（直接求解）。

（3）将这两个已排序的子序列合并为一个有序的序列。

具体地我们以一组无序数列｛14，12，15，13，11，16｝为例分解说明，如下图8-5所示：

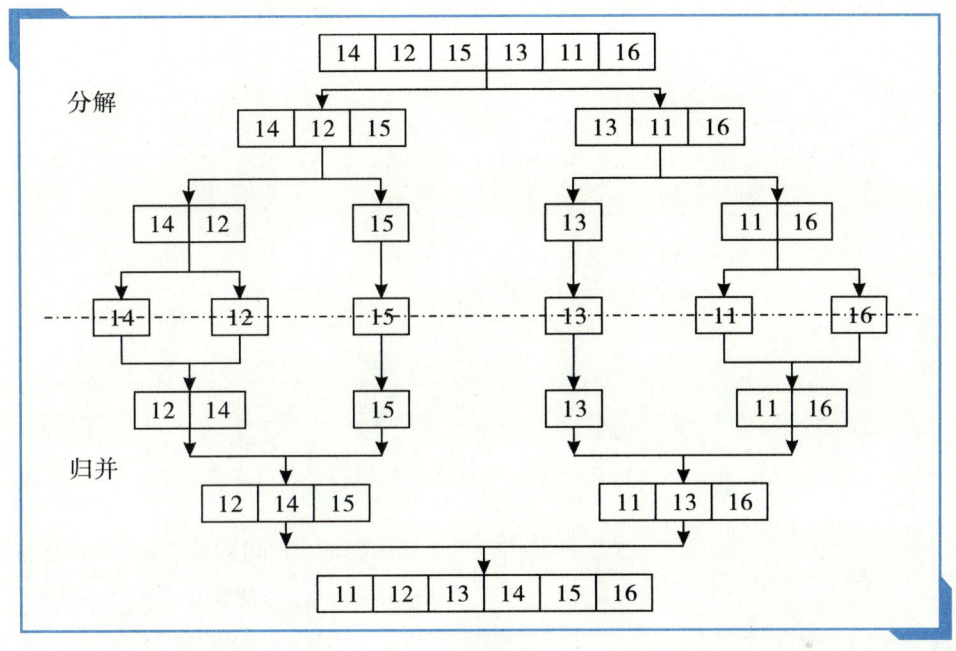

▲ 图8-5

上图8-5中首先把一个未排序的序列从中间分割成2部分，再把2部分分成4部分，依次分割下去，直到分割成一个一个的数据，单个的数据是有序的，再把这些数据两两归并到一起，使之有序，不停的归并，最后成为一个排好序的序列。其Python的相关代码如下：

```
a = [14,12,15,13,11,16]
b = [0] *15    #合并到b
def msort(l, r):
    if l >= r:   #不需要排序就返回
        return
    m = (l + r) //2
    msort(l, m)   #左边一半进行排序
```

```
        msort(m+1, r)    #右边一半进行排序
        i = k = l
        j = m +1
        while i<=m and j<=r:    #左边有而且右边也有数据,比较开头
            if a[i] <= a[j]:
                b[k] = a[i]
                i, k = i+1, k+1
            else:
                b[k] = a[j]
                j, k = j+1, k+1
        while i <= m:    #左边剩下的放下去
            b[k] = a[i]
            i, k = i+1, k+1
        while j <= r:    #右边剩下的放下去
            b[k] = a[j]
            j, k, = j+1, k+1
        for i in range(l, r+1):
            a[i] = b[i]
msort(0, 5)
print(a)
```

8.3.2 快速排序

快速排序也是分治算法的一个应用,该方法的基本思想是:

(1)分解:将输入的序列a[1…n]划分成两个非空子序列a[1…k-1]和a[k+1…n],使a[1…k-1]中任一元素都小于a[k],同时a[k]小于等于a[k+1…n]中的任一元素。

(2)递归求解:通过递归调用快速排序算法分别对a[1…k-1]和a[k+1…n]进行排序。

(3)合并:由于对分解的两个子序列的排序是就地进行的,所以a[1…k-1]和a[k+1…n]都排好序后,不需要执行任何计算,a[1..n]就已经有序。

同样,我们以一组无序数列 {6, 5, 1, 4, 3, 0, 7, 2} 为例进行说明,

如图8-6所示：

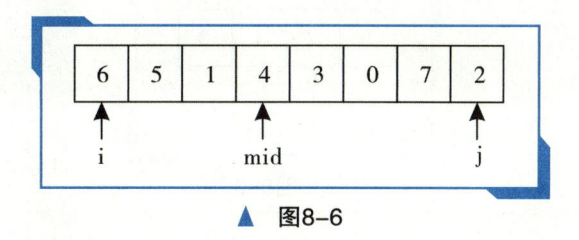

| 6 | 5 | 1 | 4 | 3 | 0 | 7 | 2 |

　　i　　　　mid　　　　　j

▲ 图8-6

取序列中间位置为基准数mid=(1+8)/2=4，所以基准数的值a[4]=4，设i=1，指向序列最左端；j=8，指向序列最右端。i从左边向右扫，j从右边向左边扫，当发现a[i]大于等于基准数和a[j]小于等于基准数时，交换i和j位置的值，一直到i大于j位置。第一轮结束之后为图8-7：

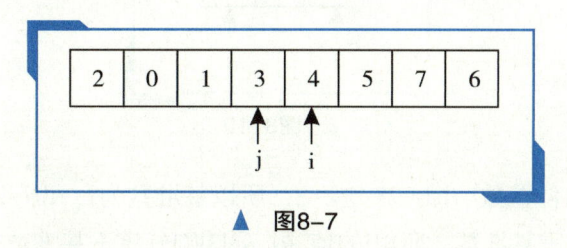

| 2 | 0 | 1 | 3 | 4 | 5 | 7 | 6 |

　　　　　　　　j　i

▲ 图8-7

图8-7过程实现了序列a[1…j]的数都是小于序列a[i…8]的值。然后我们继续分别对a[1…j]和a[i…8]进行刚才的操作，分成两个子问题，进行递归快速排序。这里以左边部分a[1…j]为例进行递归排序。如图8-8所示：

| 2 | 0 | 1 | 3 |

　i　　mid　　　j

▲ 图8-8

取序列中间位置为数mid=(1+4)/2=2，所以基准数的值0，设i=1，指向序列最左端；j=4，指向序列最右端。i从左边向右扫，j从右边向左边扫，当发现a[i]大于等于基准数和a[j]小于等于基准数时，交换i和j位置的值，一直到i大于j位置。如图8-9所示：

▲ 图8-9

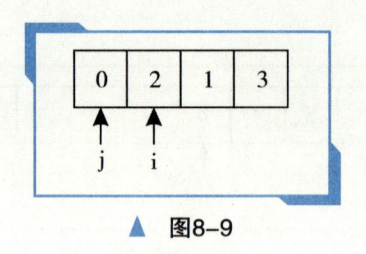

图8-9分成了两个子问题a[1]和a[2…4]，a[1]剩下一个数据，明显排好顺序，所以a[1]不需要递归。而a[2…4]还需要继续递归排序。如图8-10所示：

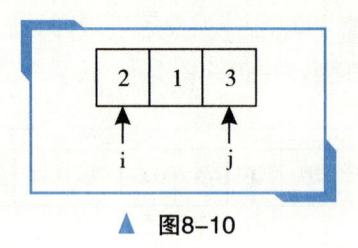

▲ 图8-10

取序列中间位置数mid=(2+4)/2=3，所以基准数为1，设i=2，a[2]大于基准数，j=4，a[4]大于基准数，所以j的值减1，a[3]刚好等于基准数，交换a[2]和a[3]的值。如8-11所示：

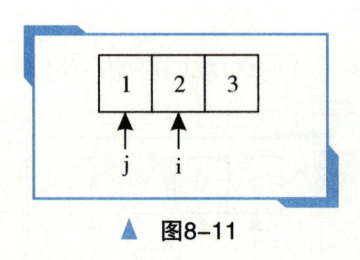

▲ 图8-11

按照这种递归方式，我们就完成了原问题左半部分a[1…4]的排序，右半部分a[5…8]是同样道理，也是跟原问题相似，可以采用递归方法进行快速排序。其Python的相关代码如下：

```
a = [-1, 9, 5, 3, 8, 7, 2, 1, 7]
def qsort(l, r):
    if l >= r:    #不需要排序就返回
        return
    i, j = l, r
```

```
        m = a[(l+r)//2]
        while i <= j:
            while a[i] < m:    #左边保留小的
                i = i +1
            while a[j] > m:    #右边保留大的
                j = j -1
            if i <= j:    #左右两边各找到1个进行交换
                a[i], a[j] = a[j], a[i]
                i = i +1
                j = j -1
        qsort(l, j)    #第l个到第j个<=m，对它们进行排序
        qsort(i, r)    #第i个到第r个>=m，对它们进行排序
qsort(0, 8)
print(a)
```

8.4 本章小结

对于很多编程初学者来说，刚接触递归问题的时候，总是会去纠结这一层函数做了什么，它调用自身后的下一层函数又做了什么……就会觉得实现一个递归解法十分复杂，根本就无从下手。的确，递归算法是学习编程算法的一大障碍。其实这是一个思维误区，一定要走出来。既然递归是一个反复调用自身的过程，这就说明它每一级的功能都是一样的，它只不过是把原问题转化为规模较小的相似子问题，因此我们只需要关注一级递归的解决过程即可。递归算法代码简洁，但也有缺点：每次递归前都要保存临时变量，递归太深的话，容易造成系统资源不够，所以递归算法得有终止条件。

第9章 深度优先搜索

上一章我们学习了递归思想，接下来两章我们来学习搜索算法。搜索算法是算法编程的一座"大山"，往往令很多算法初学者望而却步。其实计算机的搜索算法有很多，简单的是穷举法，难一点的就是我们接下来要学习的深度优先搜索和广度优先搜索。它们的特点就是利用计算机计算快的特点，搜索问题的所有可能解，然后找到符合题意要求的答案。本章我们学习的深度优先搜索算法，需要大家能够理解上一章的递归思想，因为递归思想是深度优先搜索的基础。

9.1 深度优先搜索

在计算机解决问题的过程中，有些问题我们不能像前面几章例题一样确切地找出该问题的数学模型，即找不出一种直接求解的方法。在解决这一类问题，我们一般采用搜索的方法来解决。搜索就是在问题的所有可能情况中去试探，按照一定的顺序、规则，不断去试探，直到找到问题的解或试完了也没有找到解，试探时一定要试探完所有的情况。

深度优先搜索（简称DFS）的基本原则就是：从问题的某一种可能情况出发，按照某种条件或规则往前试探搜索，搜索从这种情况出发所能达到的所有可能情况，当这一条路走到"尽头"而没达到目的地的时候，则退回上一个出发点，从另一个可能情况出发，继续搜索直到找到满足条件的目标为止或无解。下面我们举个通俗的例子。

首先我们来想象，有一只老鼠在一座不见天日的迷宫内，老鼠在入口处进去，要从出口出来。那老鼠会怎么走？当然可以是这样的：老鼠如果遇到直路，就一直往前走，如果遇到分叉路口，就任意选择其中的一条路继续往下走，如果遇到死胡同，就退回到最近的一个分叉路口，选择另一条道路再走下去，如果遇到了出口，老鼠的旅途就算成功结束了。

例如，对于如图9-1中的一个树形结构，我们要从起始点A走到目的地B，我们眼睛一看就知道答案：A→9→B，但对于计算机来说，它并不是那么"聪明"，我们只好给它定好搜索的规则，让它用深度优先搜索的方法去搜索这棵树。此时可以假设我们的计算机就是一只老鼠，从起始位置A出发，进入迷宫寻找出口。它从起始位置A分叉出来的三条路中随意挑了最左边的路去走，来到了节点1，发现节点1不是出口，但是有两条路，又随意挑了最左边的路去走，到达了节点2，发现此时没有路了，同时节点2又不是目的地，所以只能原路返回，到达了上一个节点1，再挑一条没有走过的路去走，来到节点3又是进入了死胡同，只能再次返回节点1，这个时候发现节点1的所有路都走过了，可还没有找到出口，没办法只能返回到出发点A，继续从出发点A再次选择没有走过的路去搜索，按照这个规则一直搜索下去，直到找到出口B。图9-1除了起始点A和目的地B之外，其他节点的编号就是这一只"小老鼠"按照深度优先搜索的次序走过的顺序编号。

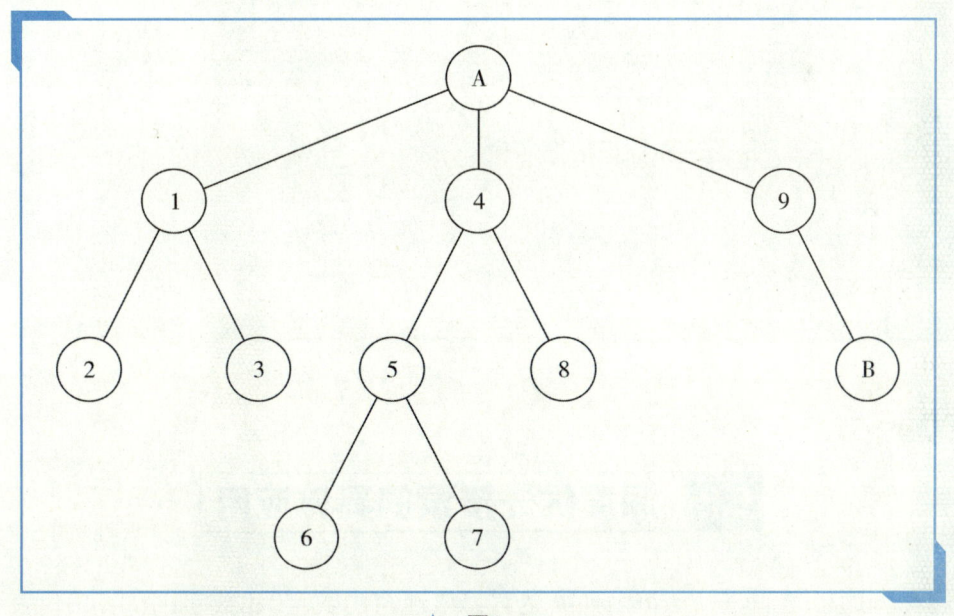

▲ 图9-1

从上图我们可以看到深度优先搜索是沿着树的深度遍历树的节点，尽可能深地搜索树的分支。当节点v的所有边都已被探寻过，搜索将回溯到发现节点v的那条边的起始节点。整个进程反复进行直到找到目的地。可见深度优先搜索其实就是一种盲目搜索算法。下面是伪代码写出来的深度优先搜索的框架。

```
void dfs()    //参数的个数根据实际情况确定
{
    if(到达终点状态)
    {
        //根据题意添加
        return;
    }
    for(扩展方式)
    {
        if(扩展方式所达到状态合法)
        {
            修改操作;
            标记;
            dfs();
            (还原标记);
            //是否还原标记根据题意
        }
    }
}
```

9.2 深度优先搜索的具体应用

例题1：给出一个n行m列的迷宫，该迷宫由数字0和数字1组成，0代表路，表示可以通行，1代表墙，表示不可逾越。迷宫入口在这个n行m列的左上角，即第1行第1列，出口在这个n行m列的右下角，即第n行第m列，你只能上下左右四个方向走到相邻格子，且该相邻格子数字一定是数字0，试寻找从左上角入口到右下角出口的路径。如果有多解，请输出所有的解。

输入要求：

第一行输入n和m，代表n行m列。接下来n行，每一行m列，由0和1组成，数据保证入口和出口的位置为0。样例输入保证至少存在一个解。

输出要求：

输出从入口到出口的路径，每一个可行解占用一行。

样例输入：

```
4 5
01000
00011
01000
00010
```

样例输出：

```
（1，1）-->（2，1）-->（2，2）-->（2，3）-->（3，3）-->（3，4）-->（3，5）-->（4，5）
（1，1）-->（2，1）-->（3，1）-->（4，1）-->（4，2）-->（4，3）-->（3，3）-->（3，4）-->（3，5）-->（4，5）
```

思路分析：本题是搜索算法经典题目，我们用深度优先搜索来完成。

首先明确题目中的已知条件：

（1）迷宫是一个n×m的矩阵。

（2）从迷宫的左上角进入，右下角为迷宫的终点。

（3）当人处于迷宫中某一点的位置上，可以向4个方向前进，分别是上、下、左和右。

我们用mapxy[i][j]来存储迷宫的数据，mapxy[i][j]=0表示第i行第j列是通路，mapxy[i][j]=1表示第i行第j列是墙。mapxy[1][1]是迷宫的入口，mapxy[n][m]是迷宫的出口。我们申请两个列表dx=[-1, 0, 1, 0], dy=[0, 1, 0, -1]，其中列表dx代表行，dy代表列，dx[0]与dy[0]表示先走"上"方向，dx[1]与dy[1]

表示接着走"右"方向，dx[2]与dy[2]表示再接着走"下"方向，dx[3]与dy[3]表示最后走"左"方向。注意四个方向我们按照"上右下左"这个次序来搜索。从入口开始搜索，每次到达一个格子的位置（x，y），我们可以利用dx和dy两个列表找到它相邻的四个格子newx=x+dx[i] newy=y+dy[i]，判断这个新位置（newx，newy）是否满足条件，例如是否出界（越出迷宫界限），或者新格子的位置mapxy[newx][newy]是否等于1，又或者mapxy[newx][newy]是否是之前走过的。

题意要求我们如果找到解，要输出从入口到出口的路径，我们可以利用列表来保存它走过的每一个位置（x，y）。该列表我们只利用append()函数和pop()函数对其列表尾部元素进行插入或者删除，有点类似栈的特点"后进先出"，当我们走到新位置或走错路时，都是对列表后面元素进行进栈或出栈操作，因为本题作为深度优先搜索讲解的第一题，所以我们尽量用图的形式来展示整个过程。

例如，图9-2，右边的小圆圈位置跟样例的输入一样，空心的小圆圈表示迷宫在这个位置数字为0，是通路，实心黑色小圆圈表示迷宫在这个位置数字为1，是墙。深度搜索走到第2行第1列的时候，由于我们是按照"上右下左"的顺序去搜索，先判断上路，发现第1行第1列在栈中，表示已经走过了，不用再走，接着判断走右路，来到第2行第2列，第3行第1列属于下路，还没有搜索。图9-2左边的图形是"栈"，存储了此时我们走过的路径。

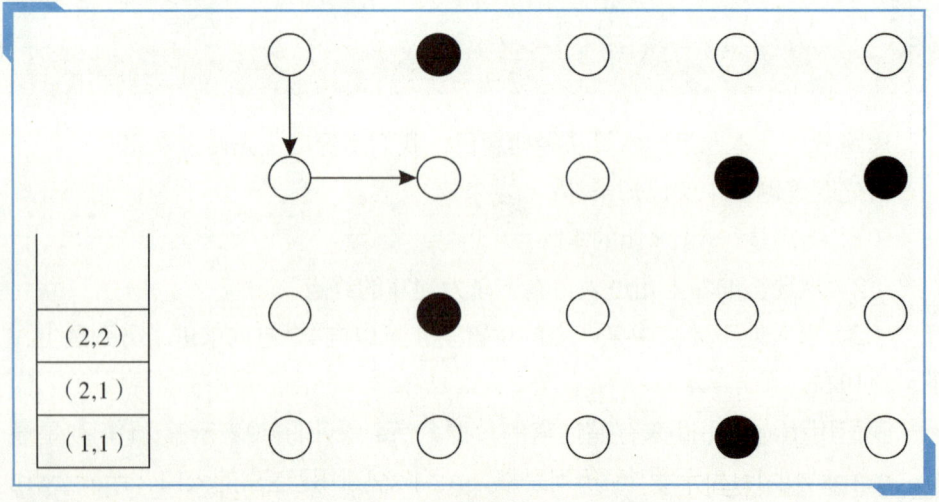

▲ 图9-2

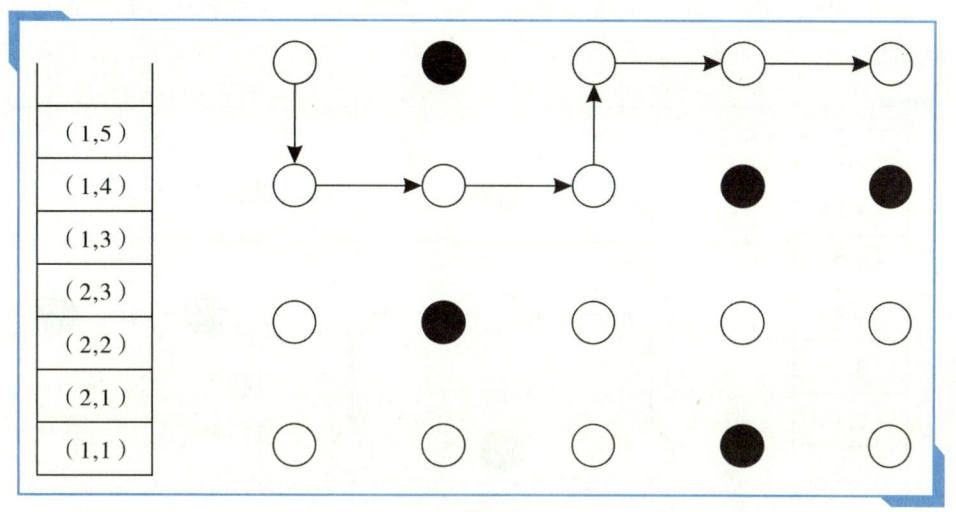

▲ 图9-3

接着如图9-3，当我们走到第2行第3列的位置时，注意我们是按照"上右下左"的次序来搜索，所以此时我们接下来是走第1行第3列。因为深度优先搜索是盲目搜索，所以当走到第1行第5列的时候，发现没路可走，就退到第1行第4列，依然没路可走，就继续退，退到第2行第3列，上路发现走不通，右路又是墙，此时只能走下路。

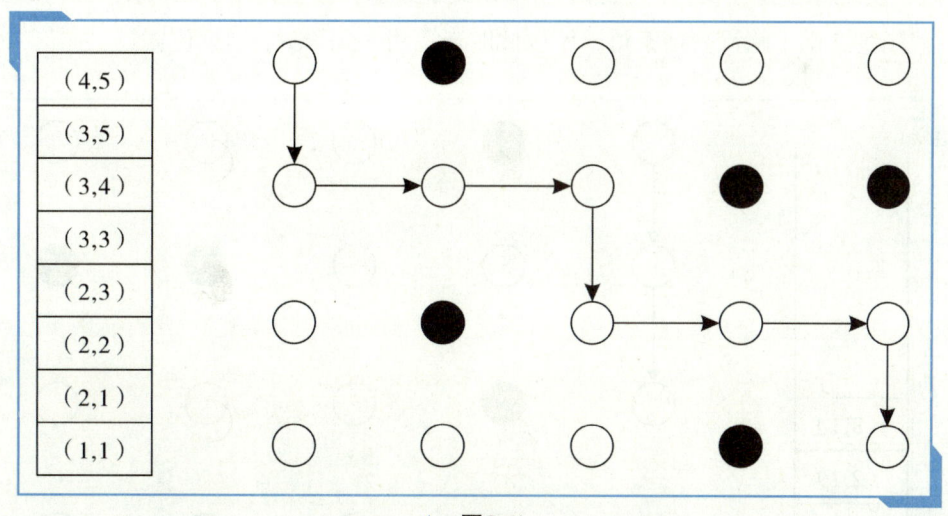

▲ 图9-4

如图9-4，来到了第3行第3列，我们依然还是按照"上右下左"的顺序搜索，上路走过的，不要走，右边是通路，所以前进，按照这样的顺序我们找到了一条通路。题意要求我们找到所有的解，目前我们知道一个解，所以我们还得继续搜索。进行退栈，每次退栈完之后，判断栈顶元素是否还有没有走过的路可以走。

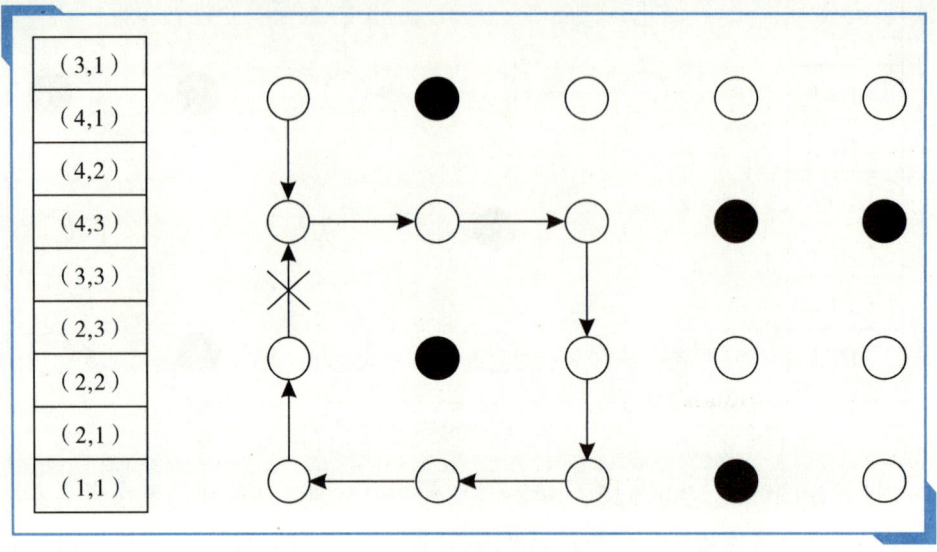

▲ 图9-5

退到第3行第3列的时候，下路还没有走过，所以又继续走。由于深度优先搜索是盲目搜索，所以会来到如图9-5所示的位置。第3行第1列往上走的时候，发现此位置在栈中，不能走，所以又继续退栈。直到图9-6所示，因为第2行第1列之前下路没有搜索过，所以此时走下路来到第3行第1列位置。

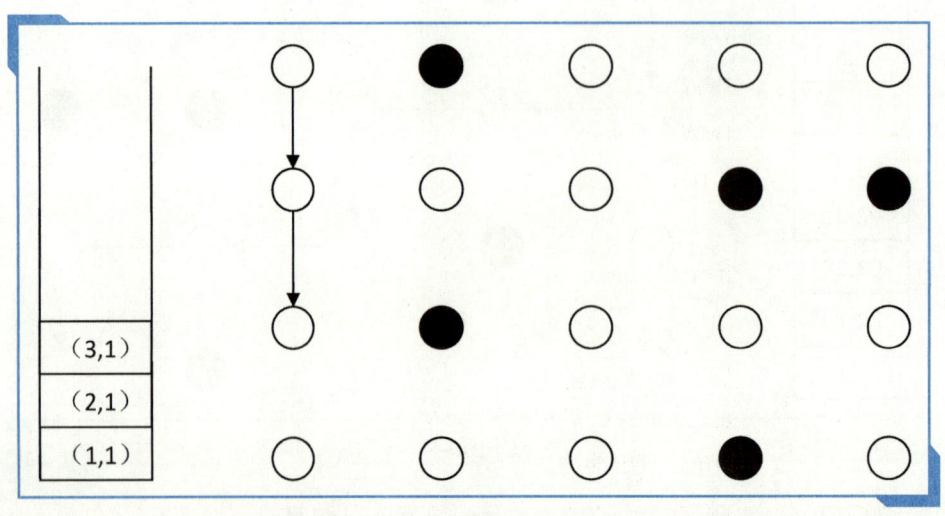

▲ 图9-6

讲到这里，我相信你应该理解深度搜索的思想了，每来到一个新位置，就会按照"上右下左"的顺序去搜索，所以当来到第3行第3列的时候，此时又会走弯路，往上面走，但不管如何，上路是走不通的，所以最终还是会退到第3行第3列这个位置，它继续往右边，找到本题另一个解。相关的Python代码如下：

```python
a=[]
sum=0
mapxy=[[None for i in range(30)]for i in range(30)]
def ans():
    global a
    for i in range(sum-1):
        print(a[i],"-->",end=" ")
    print(a[sum-1])
def DFS(x,y):
    global n,m,mapxy,sum
    dx=[-1,0,1,0]
    dy=[0,1,0,-1]
    if x==n and y==m:
        ans()
    else:
        for i in range(4):
            newx=x+dx[i]
            newy=y+dy[i]
            if newx<1 or newx>n or newy<1 or newy>m:
                continue
            if mapxy[newx][newy]==1 or mapxy[newx][newy]==2:
                continue
            mapxy[newx][newy]=2
            a.append((newx,newy))
            sum=sum+1
            DFS(newx,newy)
            mapxy[newx][newy]=0
            a.pop()
```

```
            sum=sum-1
s=input()
listitem=s.split()
n=int(listitem[0])
m=int(listitem[1])
for i in range(n):
    s=input()
    for j in range(m):
        mapxy[i+1][j+1]=int(s[j])
a.append((1,1))
sum=1
DFS(1,1)
```

例题2：中国象棋半张棋盘如图9-7所示。要求"马"自左下角（0，0）往右上角跳到（4，8）。现规定只许往右跳，不许往左跳，如图9-8。图9-7中所示为一种跳行路线，要求将所经路线打印出来。打印格式为：（0，0）-->（1，2）-->（3，3）-->（4，1）-->（5，3）-->（7，2）-->（8，4）

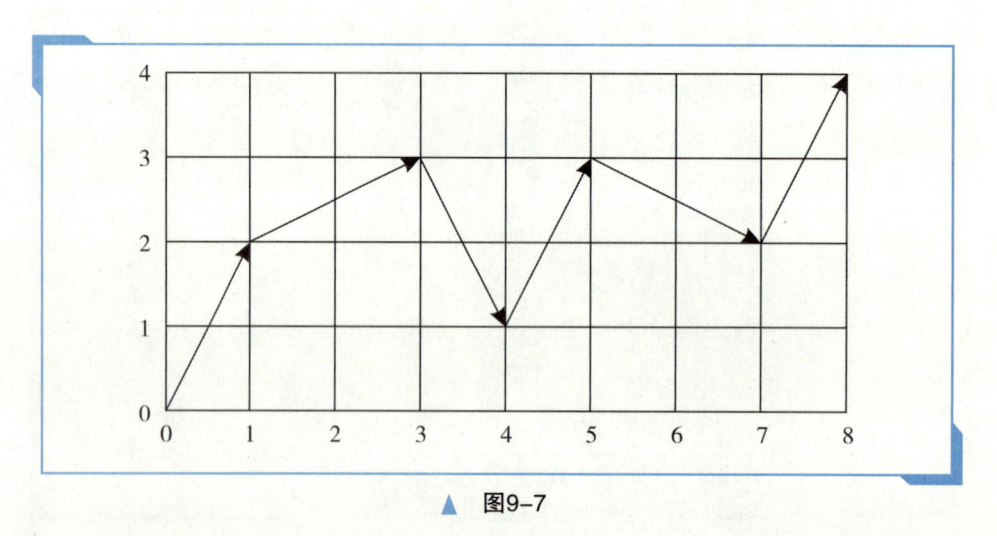

▲ 图9-7

▲ 图9-8

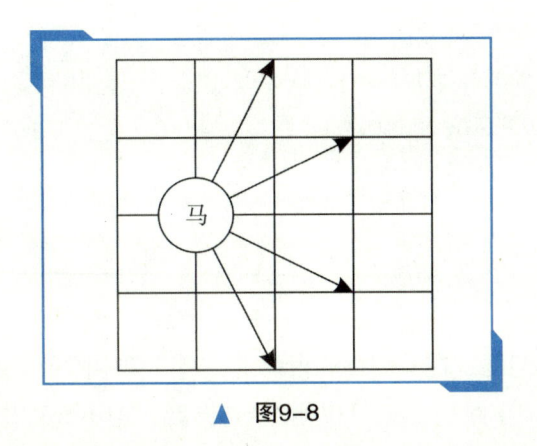

思路分析：如果大家看懂了例题1，那么这道题目是不是很简单？不同的是，这次移动必须满足中国象棋的马走"日"字形，所以我们申请dx=[1, 2, 2, 1], dy=[2, 1, -1, -2]两个列表，代表走的方向。这道题目只要判断每次到达的新位置不要越出棋盘就行。相关代码程序如下：

```
a=[]
def ans():
    global a
    for i in range(len(a)-1):
        print(a[i],"-->",end="")
    print(a[len(a)-1])
def DFS(x,y):
    global mapxy
    dx=[1,2,2,1]
    dy=[2,1,-1,-2]
    if x==8 and y==4:
        ans()
    else:
        for i in range(4):
            newx=x+dx[i]
            newy=y+dy[i]
            if newx<0 or newx>8 or newy<0 or newy>4:
                continue
```

```
            a.append((newx,newy))
            DFS(newx,newy)
            a.pop()
a.append((0,0))
DFS(0,0)
```

例题3：跳马问题。在5×5格的棋盘上，有一只中国象棋的马，从（1，1）点出发，按"日"字跳马，它可以朝8个方向跳，但不允许出界或跳到已跳过的格子上，要求跳遍整个棋盘，并输出所有方案。

输出格式示例：

```
1   16  21  10  25
20  11  24  15  22
17  2   19  6   9
12  7   4   23  14
3   18  13  8   5
```

思路分析：跳马问题也称"骑士遍历问题"，根据题意我们可以归结为：在5×5格的棋盘上，从（1，1）方格出发，为象棋中的马寻找一条走遍棋盘每一格并且只经过一次的一条路径。

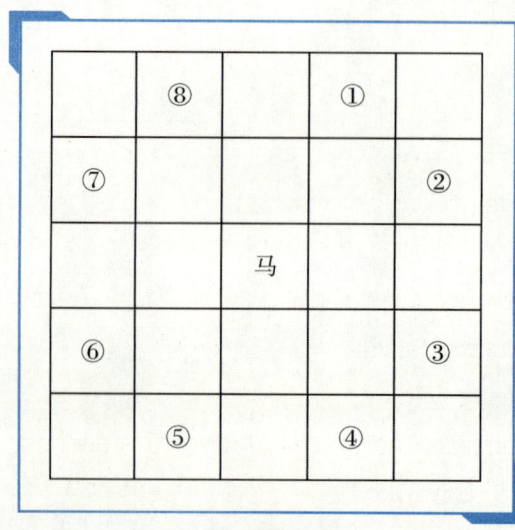

▲ 图9-9

如图9-9所示，一只马在棋盘的某一点，它可以朝8个方向前进，方向向量分别是：（1，-2）、（2，-1）、（2，1）、（1，2）、（-1，2）、（-2，1）、（-2，-1）、（-1，-2）。我们申请两个列表dx=[1, 2, 2, 1, -1, -2, 2, -1], dy=[-2, -1, 1, 2, 2, 1, -1, -2]来表示马要走的八个方向。每次从中任选择一个方向前进，到达新的位置。再从新的位置选择一个方向前进，继续，直到无法前进为止。无法前进可能有如下原因：下一位置超出边界或下一位置已经被访问过。当已经无法前进时，就退回到上一位置，重新选择一个新的方向前进；如果还是无法前进，就再退回到上一位置，以此类推。相关代码如下：

```
a=[[0 for i in range(5)]for j in range(5)]
step=1
def ans():
    for i in range(5):
        for j in range(5):
            print(a[i][j],end=" ")
        print()
    print()
def DFS(x,y):
    global step
    dx=[1,2,2,1,-1,-2,-2,-1]
    dy=[-2,-1,1,2,2,1,-1,-2]
    if step==25:
        ans()
    else:
        for i in range(8):
            newx=x+dx[i]
            newy=y+dy[i]
            if newx<0 or newx>=5 or newy<0 or newy>=5:
                continue
            if a[newx][newy]!=0:
                continue
```

```
                step=step+1
                a[newx][newy]=step
                DFS(newx,newy)
                a[newx][newy]=0
                step=step-1
a[0][0]=1
DFS(0,0)
```

例题4：n个皇后问题。在n×n格的国际象棋盘上，放置n个皇后，要使任何一个皇后都不能吃掉另一个，须满足的条件是：同一行、同一列、同一对角线上只能有1个皇后。求放置方法。

如：n=4时，有以下2种放置方法。

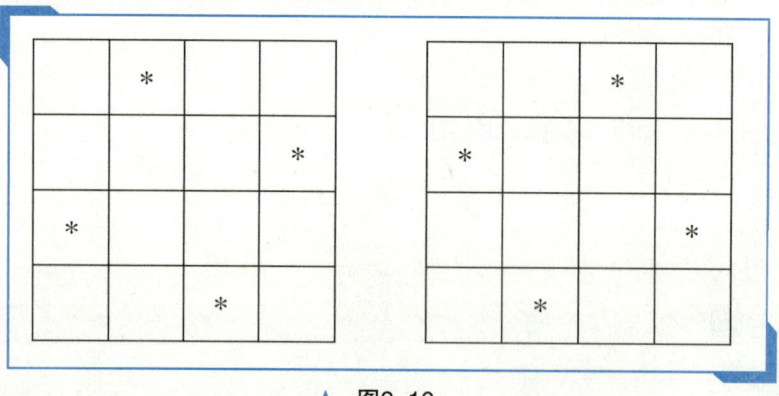

▲ 图9-10

样例输入：

```
4
```

样例输出：

```
2 4 1 3
3 1 4 2
```

思路分析：

问题解的形式是x=[0]×(n+1)，n为国际棋盘大小，x[i]表示第i个皇后放在第i行，第x[i]列，这样保证所有皇后不同行。问题的解变成求：

(x[1], x[2], …, x[n])；x[i] ∈ {1, 2, …, n}

4皇后问题的解：(2, 4, 1, 3), (3, 1, 4, 2)

在验证正对角线和次对角线的方法上：

行号与列号之差相等，在同一条正对角线（左上角到右下角的斜线）。

行号与列号之和相等，在同一条次对角线（右上角到左下角的斜线）。

相关算法代码如下：

```
x=[0]*101
def place(k,i):
    global x
    for j in range(1,k):
        if x[j]==i or j-x[j]==k-i or x[j]+j==i+k:
            return False
    return True
def printans():
    global x,n
    for j in range(1,n):
        print(x[j],end=" ")
    print(x[n])
def DFS(k):
    global n,x
    if k==n+1:
        printans()
    else:
        for i in range(1,n+1):
            if place(k,i):
                x[k]=i
                DFS(k+1)
n=int(input())
DFS(1)
```

例题5：细胞问题。一矩形阵列由数字0到9组成，数字1到9代表细胞。规定如果沿细胞数字上、下、左、右还是细胞数字，则为同一细胞群，求给定矩形阵列的细胞群个数。

输入：整数m，n（m行，n列）矩阵。

输出：细胞群的个数。

样例输入：

```
4 10
0234500067
1034560500
2045600671
0000000089
```

样例输出：

```
4
```

思路分析：我们在主程序对这个矩阵从上到下，从左到右进行扫描，当发现某个位置(x, y)非零，就增加一个细胞数字，然后进行DFS(x, y)，把它跟它相邻的格子上、下、左、右搜索一遍，同时把这些搜索到的非零格子的值变为零。如样例输入的数据，我们扫描到第1行第2列的时候，发现a[1][2]非零，此时进入DFS(1, 2)，结果如图9-11（a）所示，回到主程序之后，当你扫描第1行第3列的时候，这个已经被改为零了，所以我们继续扫描，当扫描到第1行第9列的时候，又发现a[1][9]非零，所以进入DFS(1, 9)，后面以此类推。样例的输入数据在主程序中总共调用了四次，分别是DFS(1, 2)、DFS(1, 9)、DFS(2, 1)和DFS(2, 8)。

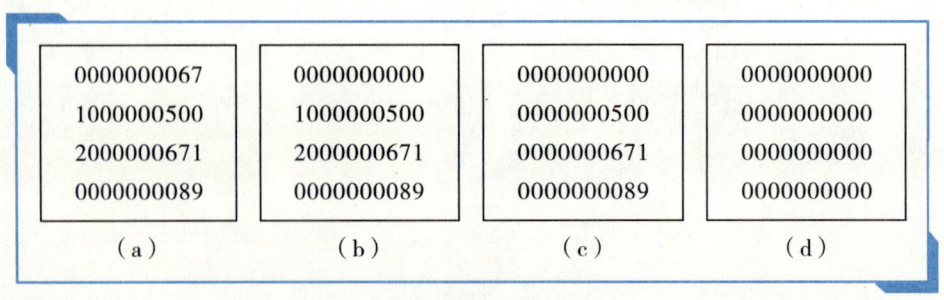

0000000067	0000000000	0000000000	0000000000
1000000500	1000000500	0000000500	0000000000
2000000671	2000000671	0000000671	0000000000
0000000089	0000000089	0000000089	0000000000
（a）	（b）	（c）	（d）

▲ 图9-11

```
a=[ [0 for i in range(101)]for j in range(101) ]
def DFS(x,y):
    global a,n,m
    dx=[-1,0,1,0]
    dy=[0,1,0,-1]
    for i in range(4):
        newx=x+dx[i]
        newy=y+dy[i]
        if newx<1 or newx>n or newy<1 or newy>m:
            continue
        if a[newx][newy]==0 :
            continue
        a[newx][newy]=0
        DFS(newx,newy)
s=input()
listitem=s.split()
n=int(listitem[0])
m=int(listitem[1])
for i in range(1,n+1):
    s=input()
    for j in range(m):
        a[i][j+1]=int(s[j])
cnt=0
for i in range(1,1+n):
    for j in range(1,1+m):
        if a[i][j]!=0:
            cnt=cnt+1
            DFS(i,j)
print(cnt)
```

9.3 本章小结

本章我们学习了深度优先搜索，它的特点是沿着搜索的节点，尽可能深地搜索树的分支。本章列举了五道题目，都是深度优先搜索的经典题目，对于初学者来说，是时候考察大家动手编写代码的能力了。有很多OJ（Online Judge系统）网站，里面有很多关于搜索的题目，大家不妨试一试。记住上文深度优先搜索的伪代码框架，也许它能帮上你的忙。

第10章　广度优先搜索

本章我们来学习搜索算法的另一种：广度优先搜索。广度优先搜索和深度优先搜索很多时候两者都可以解决相同的查找问题。但前面我们学习到，深度优先搜索的特点是沿着树的深度遍历树的节点，尽可能深地搜索树的分支。但实际上，也许存在一种正确答案，与出发点只有一步之遥，而深度优先搜索却选择另一条路径，辛辛苦苦走了几十步甚至上百步之后才发现那是一个没有答案的选择。广度优先搜索在某些问题查找上，能够比深度优先搜索更快找到答案。

10.1　广度优先搜索

在学习广度优先搜索之前，我们跟深度优先搜索一样，举一个有趣的例子。

还是以迷宫作为引入。假如我们的主角不是一只小老鼠，而是一大群老鼠（可以看成是无数只小老鼠），如果你是老鼠王，你会怎么安排你的子民们尽快逃生？

很简单，让老鼠们分头行动。我们给每一只老鼠都配一个对讲机。出发点有多少条分路，我们就分多少队小鼠队，让它们分队行动，负责不同方向。每次只能选择没有去过的地方走，没有去过的地方既包括自己没有去过也要包括别的老鼠没有去过，在程序中这个我们可以用一个布尔列表在去过的地方标记一下，对于小老鼠来说标记的方式可能会比较特殊。每次到一个位置都可能会有几种不同的走法，我们把当前的这个小队再次划分，每个能走的方向都分派一个小队去。如果没有路可走了，就待在那儿了。当有一队或者是一只老鼠找到了出口，这位英雄就在对讲机里大吼一声："哈哈，我找到出口啦，大家到这里来。"

相信大家看问题的时候都注意到了关键词"尽快"。毋庸置疑，老鼠们的做法肯定能在最快时间内找到出口。接下来我们分析一下其中原因。我们给老鼠能到的每个方块一个距离。初始位置的距离为0，由这个位置出发能到的距离为1，再由这些点能到的不重复的点的距离为2……如此下去，我们就可以给每一个可以到达的位置一个距离值。我们每次所做的都是把一个位置能够拓展的所有位置都拓展出来了，而且也没有走重复的路。可以保证在到达某一个位置的时候我们所走的距离肯定是最短的。这就是广度优先搜索。

广度优先搜索（又称宽度优先搜索，简称BFS）的基本思想是利用队列，一开始把始发点入队，生成第一层节点，接着从队头取出元素，判断是否是目标解，如果不是，该元素是否有后继节点，如有的话，把后继节点入队，生成第二层节点，在接下来后面的操作中，每次从队头取出元素，判断它是否是目标解，如果是目标解，则找到问题的解，程序结束，否则再判断是否有后继节点，如有的话，就把后继节点入队，生成与刚刚取出来的队头元素层数+1的第几层节点，直到找到问题的解或队列为空无解。广度优先搜索遍历图的过程为：

（1）从图中的某一顶点V_0开始，先访问V_0。

（2）访问所有与V_0相邻接的顶点V_1，V_2，…，V_t。

（3）依次访问与V_1，V_2，…，V_t相邻接的所有未曾访问过的顶点。

（4）循此以往，直至找到问题的解或所有的顶点都被访问过为止。

(a)　　　　　　　　　(b)

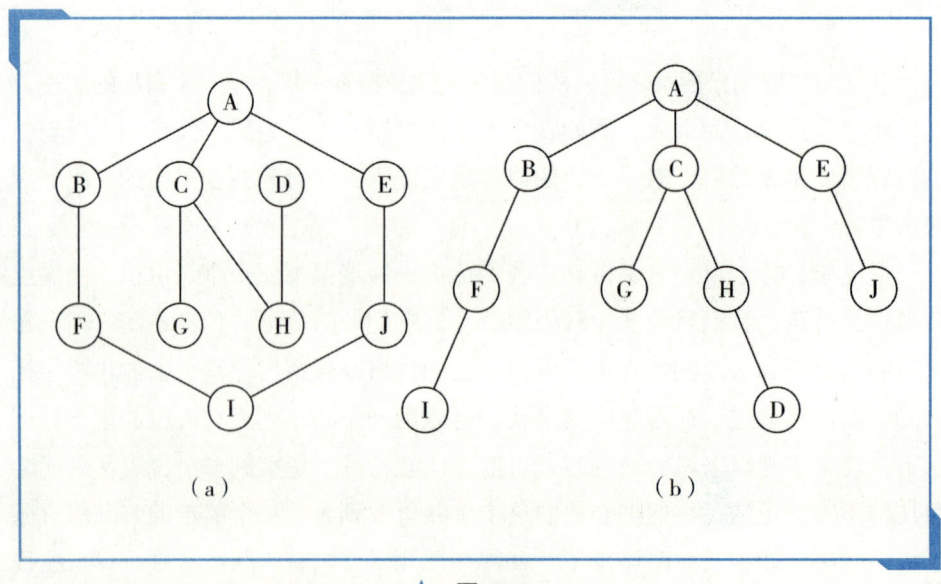

▲ 图10-1

如图10-1（a），从A点出发，执行广度优先搜索，一步能走到的点分别是B、C和E。从B出发一步能走到的是F，从C出发一步能到达的是G和H，从E出发一步能到达的是J，最终如图10-1（b）所示。

BFS的思路就是第N步就把N步所能达到的所有状态都找出来。当然，这样是有代价的，那就是可能需要比DFS多很多的空间。不过BFS的优势在于它能够很快地找到最优解。BFS和DFS一样都是很暴力的算法，因为它们都属于盲目搜索算法。广度优先搜索的伪代码框架如下：

```
void bfs()
{
    初始化，初始状态存入队列；
    队列首指针head=0，尾指针tail=1；
    do
    {
        指针head后移一位，取出队头元素；
        if(队头元素是否是目标解)
            找到问题的解
        else
        {
            if（此时队头元素是否有符合题意条件的后继节点）
            {
                tail指针增1，把新节点存入列尾；
            }
        }

    }while(head<tail);           //队列为空
}
```

10.2 广度优先搜索的具体应用

例题1：树的层次遍历。试建立一棵有n个节点的二叉排序树，输出它的层次遍历。例如，输入如下的n个节点的值：10，35，3，5，1，4，15。它所建立的二叉排序树如图10-2。输出答案是：10，3，35，1，5，15，4。

样例输入要求：第一行为n，第二行为n个数字，数字与数字之间用空格隔开。

样例输出要求：输出一行数字，为该二叉排序树的层次遍历，数字与数字之间用空格隔开。

样例输入：

```
7
10 35 3 5 1 4 15
```

样例输出：

```
10 3 35 1 5 15 4
```

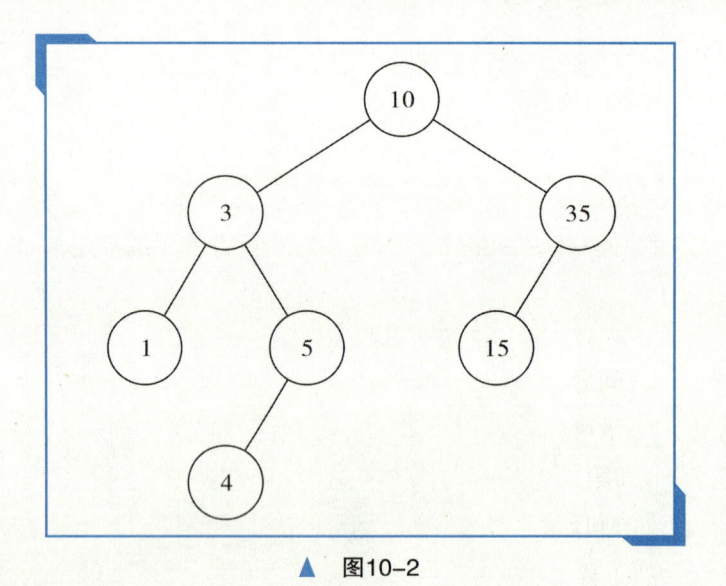

▲ 图10-2

思路分析：该题是广度搜索的模板题，下面代码我们只展示广度搜索的核心代码，如何建立二叉排序树，大家可以参考第4章图4-13处的内容。

```
def bfs(root):
    queue=[None]*1001
```

```
        head=tail=-1
        tail=tail+1
        queue[tail]=root
        while head!=tail:
            head=head+1
            q=queue[head]
            print(q.data,end=" ")
            if q.left!=None:
                tail=tail+1
                queue[tail]=q.left
            if q.right!=None:
                tail=tail+1
                queue[tail]=q.right
n=int(input())
s=input()
num=s.split(" ")
root=None
for i in range(n):
    createtree(int(num[i]))
bfs(root)
```

例题2：迷宫问题。给出一个n行m列的迷宫，该迷宫由数字0和数字1组成，0代表路，表示可以通行；1代表墙，表示不可逾越。迷宫入口在这个n行m列的左上角，即第1行第1列，出口在右下角，即第n行第m列。只能从上、下、左、右四个方向走到相邻格子，且该相邻格子数字一定要是数字0，每一次走到相邻的格子算为走一步，试寻找从左上角入口到右下角出口的最少步数。

输入要求：

第一行输入数字n和m，代表n行m列。接下来输入n行，每一行m列，由0和1组成。数据保证入口和出口的位置为0，而且保证有解。

输出要求：

输出从入口到出口走的最少步数。

样例输入:

```
4 5
01000
00011
01000
00010
```

样例输出:

```
7
```

思路分析：本题与第9章例题1相似，不同的是，本章例题2要求输出从入口到出口走的最少步数，而不是所有路径。当然我们可以利用第9章例题1的方法，用深度优先搜索把从入口到出口的所有路径找出来，然后比较谁的步数少，但这里我们用广度优先搜索的方法，把最少步数输出来，大家可以对比这两种方法，体会广度优先搜索与深度优先搜索的不同特点。在代码中，我们压入队列中是一个含有三个元素的元组，第一个和第二个元素代表(x, y)坐标，第三个元素是走到该格子所用到的步数。

```
mapxy=[[None for i in range(30)]for i in range(30)]
def BFS(x,y):
    global mapxy
    dx=[-1,0,1,0]
    dy=[0,1,0,-1]
    head=-1
    tail=0
    queue=[None]*1001
    queue[tail]=(x,y,0)
    while head!=tail:
        head=head+1
        x=queue[head][0]
```

```
                y=queue[head][1]
                s=queue[head][2]
                if x==n and y==m:
                    print(s)
                    break
                else:
                    for i in range(4):
                        newx=x+dx[i]
                        newy=y+dy[i]
                        if newx<1 or newx>n or newy<1 or newy>m:
                            continue
                        if mapxy[newx][newy]==1 or mapxy[newx][newy]==2:
                            continue
                        mapxy[newx][newy]=2    #入队格子的值标记为2
                        tail=tail+1
                        queue[tail]=(newx,newy,s+1)
s=input()
listitem=s.split()
n=int(listitem[0])
m=int(listitem[1])
for i in range(n):
    s=input()
    for j in range(m):
        mapxy[i+1][j+1]=int(s[j])
BFS(1,1)
```

例题3：素数步数。从一个四位素数到另一个四位素数，每次变换一个数字，变换之后仍为素数，求最少的步骤。

比如：

1033 8179

变换过程：

1033→1733→3733→3739→3779→8779→8179

最少步骤一共是6步。

样例输入要求：第一行为一个数n，表示有n对数据。接下来有n行，每行两个数，两个数用空格隔开。

样例输出要求：输出n对数据变换的最少步数，每行一个数，一一对应。

样例输入：

```
3
1033 8179
1373 8017
1033 1033
```

样例输出：

```
6
7
0
```

思路分析：从起始素数开始进行广度优先搜索，每次从队列中取出队头元素，判断是否到达目标，如果没有，这个元素的四个位置（个位至千位）进行一次改变，每个位置都可以变为0至9十个数字，在放入队列队尾之前一定要判断新数是否为素数且之前没有入过队。列表visit用来判断之前有没有入过队，列表step用来判断走到该数需要的步数。

```
def isprime(x):
    for i in range(2,x):
        if x%i==0:
            return False
    return True
def bfs(a,b):
    queue=[0]*1000001
    head=-1
    tail=0
```

```
queue[tail]=a
visit[a]=1
step[a]=0
while head!=tail:
    head=head+1
    ct=queue[head]
    if ct==b:
        return step[ct]
    else:
        for i in range(10):
            temp=(ct//10)*10+i
            if isprime(temp) and visit[temp]==0:
                tail=tail+1
                queue[tail]=temp
                visit[temp]=1
                step[temp]=step[ct]+1
            temp=(ct//100)*100+ct%10+i*10
            if isprime(temp) and visit[temp]==0:
                tail=tail+1
                queue[tail]=temp
                visit[temp]=1
                step[temp]=step[ct]+1
            temp=(ct//1000)*1000+ct%100+i*100
            if isprime(temp) and visit[temp]==0:
                tail=tail+1
                queue[tail]=temp
                visit[temp]=1
                step[temp]=step[ct]+1
            if i!=0:
                temp=i*1000+ct%1000
                if isprime(temp) and visit[temp]==0:
```

```
                        tail=tail+1
                        queue[tail]=temp
                        visit[temp]=1
                        step[temp]=step[ct]+1
n=int(input())
while n!=0:
    n=n-1
    s=input()
    s=s.split()
    a=int(s[0])
    b=int(s[1])
    step=[0]*10000
    visit=[0]*10000
    print(bfs(a,b))
```

例题4：魔兽世界（WOW）。小A在WOW中是个小术士。作为一名术士，不会单刷副本是相当丢脸的。所谓单刷副本就是单挑BOSS了，这么有荣誉感的事小A怎么会不做呢？于是小A来到了发现"厄运之槌"开始了单刷。小A看了看，发现"厄运之槌"的地图是一个N×M的矩形（N，M≤100），上面遍布了小怪和传送门。1表示有小怪，0表示无小怪，大写字母表示传送门，例如走到B传送门点将被传送到另一个B传送点（次数无限，但每次进入传送点一定会传送过去，不会再传送回来），数据保证每个传送门有且仅有一个相对应的传送点。

入口	0	0	0
0	0	A	0
A	0	0	BOSS

▲ 图10-3

入口在左上方（1，1），BOSS却躲在右下方（N，M）。小A非常急切地想要完成单刷然后去向其他不会单刷的玩家炫耀炫耀，所以小A绝不会在小怪身上浪费时间（当然是绕开它们），并且想通过传送门尽快到达BOSS身边。小A看啊看，想啊想，还是没找出最快的路。终于，他灵机一动，想什么啊，编程呗！

输入格式：

第一行N，M 2个数据。下面N行，每行M个数（入口点和BOSS点无小怪和传送门），表示"厄运之槌"的地图。地图数据之间无空格。每步只能走一格，方向上、下、左、右。左上角为入口点，右下角为出口点。

输出格式：

一个整数表示小A最少需要走多少步。如果小A不能走到目标地，则输出"No Solution"。

样例输入：

```
3 4
0000
00A0
A000
```

样例输出：

```
4
```

样例说明：

路线如图10-4所示。

入口	0	0	0
0	0	A →	0
A	0	0	BOSS

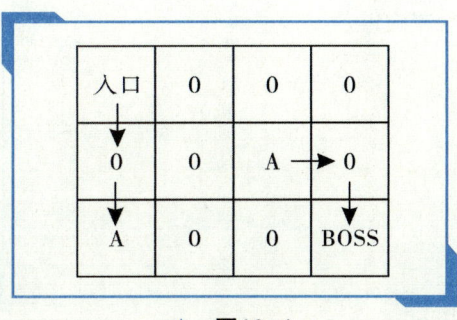

▲ 图10-4

数据规模：

对60%的数据，n，m≤20。

对100%的数据，n，m≤100。

思路分析：

本题的难处在于有传送门，传送门可能有26对大写字母，我们申请一个二维列表g=[[0 for i in range(30)]for j in range(4)]，在代码中g[2][0]和g[2][1]表示第一个大写字母A的坐标(x1，y1)，g[2][2]和g[2][3]表示第二个大写字母A的坐标(x2，y2)，g[3][0]和g[3][1]表示第一个大写字母B的坐标(x1，y1)，g[3][2]和g[3][3]表示第二个大写字母B的坐标(x2，y2)，其他依次类推。地图初始数据放在二维列表mapxy中，读初始数据时我们先做一下处理，把字母A，B，C…变成2，3，4…，由于地图原来数据0表示可以走，1表示不可以走，为方便处理，我们把地图的初始数据改变一下，即原来的0变成1，1变成0，所以能走的路的数字都是大于等于1，这样做的好处就是在搜索的时候容易判断哪个格子可以走。我们用vis列表来记录哪个格子走过，以防重走。用dist列表来记录每个格子的步数。相关代码如下：

```
vis=[[0 for i in range(101)]for j in range(101)]
mapxy=[[0 for i in range(101)]for j in range(101)]
dist=[[0 for i in range(101)]for j in range(101)]
g=[[0 for i in range(30)]for j in range(4)]
def bfs():
    global vis,mapxy,dist,g,n,m
    dx=[-1,0,0,1]
    dy=[0,-1,1,0]
    queue=[None]*1000000
    head=-1
    tail=0
    queue[tail]=(1,1)
    dist[1][1]=0
    vis[1][1]=1
    while head!=tail:
        head=head+1
```

```
                x=queue[head][0]
                y=queue[head][1]
                if x==n and y==m:break
                for i in range(4):
                    newx=x+dx[i]
                    newy=y+dy[i]
                    if mapxy[newx][newy]>0:
                        t=mapxy[newx][newy]
                        if t>1:
                            if g[t][0]==newx and g[t][1]==newy:
                                newx=g[t][2]
                                newy=g[t][3]
                            else:
                                newx=g[t][0]
                                newy=g[t][1]
                        if vis[newx][newy]==1:
                            continue
                        dist[newx][newy]=dist[x][y]+1
                        tail=tail+1
                        queue[tail]=(newx,newy)
                        vis[newx][newy]=1
s=input()
s=s.split()
n=int(s[0])
m=int(s[1])
for i in range(1,n+1):
    s=input()
    for j in range(1,m+1):
        if s[j-1]=="0" or s[j-1]=="1":
            mapxy[i][j]=49-ord(s[j-1])
        else:
```

```
                t=ord(s[j-1])-63
                mapxy[i][j]=t
                if g[t][0]==0:
                    g[t][0]=i
                    g[t][1]=j
                else:
                    g[t][2]=i
                    g[t][3]=j
for i in range(1,n+1):
    for j in range(1,m+1):
        dist[i][j]=2147483647
bfs()
if dist[n][m]==2147483647:
    print("No Solution.")
else:
    print(dist[n][m])
```

例题5：求倍数。给出一个整数n（1≤n≤200），求出它的最少倍数m。m是十进制数，且m的每一位数字只能由0和1组成。

输入格式：

每一行一个数字n，最后一行为0，表示输入结束。

输出格式：

对于输入的每一行数字n，输出它对应的倍数m。

样例输入：

```
2
6
19
0
```

样例输出：

```
10
1110
11001
```

思路分析：这道题目如果用模拟的方法去做，效率很低下。我们从题意知道，对于每一个数字n，它的倍数m只能由0和1组成，所以我们可以考虑用BFS来搜索如下的图10-5。

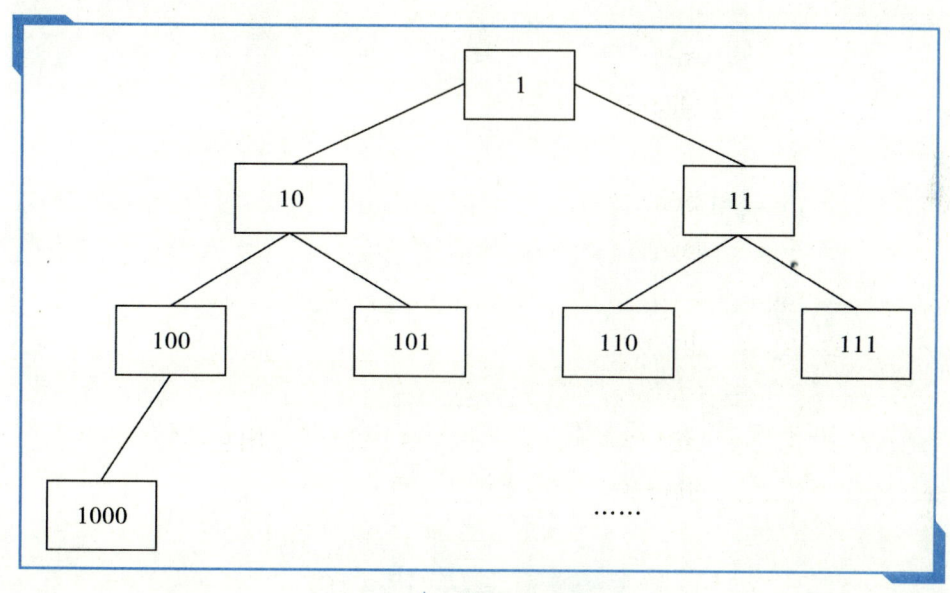

▲ 图10-5

这是一棵二叉树，根节点为1，往左边走是0，往右边走是1。我们对这棵二叉树进行层次遍历，然后判断新生成的数是否能整除n，如果是的话就是答案。Python语言的变量可以存储很大的数字，不必像其他高级语言一样需要用高精度变量去实现，相关代码如下：

```
n=int(input())
while n!=0:
    queue=[0]*1000000
    head=-1
    tail=0
```

```
queue[tail]=1
while head!=tail:
    head=head+1
    t=queue[head]
    t1=t*10+0
    t2=t*10+1
    if t1%n==0:
        print(t1)
        break
    if t2%n==0:
        print(t2)
        break
    tail=tail+1
    queue[tail]=t1
    tail=tail+1
    queue[tail]=t2
n=int(input())
```

10.3 本章小结

本章最后给出的几道题目难度稍大，都是竞赛题目。广度优先搜索是通过队列来实现，无须递归。在产生新的子节点时，深度越小的节点越先得到扩展，生成的节点要与前面所有已经产生的节点相比较，以免出现重复节点，浪费时间和空间，甚至陷入死循环。如果目标节点的深度与"费用"（如：路径长度）成正比，那么找到的第一个解即为最优解，这时搜索速度比深度优先搜索要快些，在求最优解时往往采用广度优先搜索。广度优先搜索的效率还与目标节点所在的位置相关，如果目标节点深度处于较深层时，需搜索的节点数基本上以指数级别增长。